为了人与书的相遇

人类帝国的覆灭

一个机器人的回忆录

[法]常博逸、[法]弗朗索瓦·罗什 著

蔡愫颖 译

广西师范大学出版社

·桂林·

Originally published in France as:

La chute de l'Empire humain: Mémoires d'un robot

by Charles-Edouard Bouée et François Roche

© Éditions Grasset & Fasquelle, 2017

Current Chinese translation rights arranged through Divas International, Paris 巴黎迪法国际.

图书在版编目(CIP)数据

人类帝国的覆灭：一个机器人的回忆录 / (法) 常博逸, (法) 弗朗索瓦·罗什著；
蔡懔颖译. —— 桂林：广西师范大学出版社, 2019.3

  ISBN 978-7-5598-1433-3

  Ⅰ.①人… Ⅱ.①常… ②弗… ③蔡… Ⅲ.①人工智能–研究 Ⅳ.①TP18

中国版本图书馆CIP数据核字(2018)第267643号

广西师范大学出版社出版发行

  广西桂林市五里店路 9 号 邮政编码：541004
  网址：www.bbtpress.com

出 版 人：张艺兵

全国新华书店经销

发行热线：010–64284815

山东鸿君杰文化发展有限公司

开本：850mm×1168mm 1/32

印张：7 字数：101千字

2019年3月第1版 2019年3月第1次印刷

定价：48.00元

如发现印装质量问题，影响阅读，请与出版社发行部门联系调换。

目录

本书谨献给所有为如下事业付出时间和努力的人类：在改善生活和维护我们社会的基本要素之间寻求技术进步的平衡。

不论既已存在还是心生忧惧，将来时在语法时态上都与先将来时（将来完成时）相配：我们模糊地感受到，现在好像是一种很快就会老去的事物，就如过去一般……将来不是在我们的前方，而是在我们的身边：它与现在平行，并在这一维度上早已十分活跃。将来不是现在之后，它与现在同存。

埃利·杜兰[*]

* 《世界报·图书专刊》（*le Monde des livres*）的采访，2014 年 12 月 5 日。埃利·杜兰（Elie During, 1972—），任教于巴黎第十大学哲学系和巴黎高师美术系。——原注及编注（若无特别说明，本书脚注均为译者或编辑添加）

引 言

我们之中仅有十亿分之一的人不是生活在无限的模拟世界里。

——埃隆·马斯克

　　人类是否已近末路？我们是否面临无数使人类走向衰落的浩劫？在我们还没有意识到的时候，我们的文明是否也像以往的其他伟大文明一样已经在闪耀着最后的火花？人类历史中常有世界即将终结的预言。我们设想其主要原因有二。一是神灭，世界末日（Apocalypse），地震、海啸、干旱、虫灾等各种自然灾害的暴发……而引起这些灾害的原因则是由世风日下、悖逆疏远道德所引发的天神之怒。另一个原因是无知而残暴的新来者摧毁了旧世界，这些以阿提拉为代表的新来者将繁荣的城市化为灰烬，并将城中人口屠戮殆尽。上帝也好蛮族也罢，最终都没有使人类陷入绝境。灾害发生，灾难来临，世界的总有一部分遭到毁灭，但人类依然继续繁衍生息。然后，在 20 世纪中叶将至之时，一个新的威胁出现了：科学的威胁。一些科学家或多或少有意识地研制了一种能摧毁一切的武器：原子弹。它只被使用了两次便足以证明其威力之可怖。但这一发明在人类历史上留下了重要的一笔：这是第一次由整个国家（美国）有意识地调动大量人力资源、技术资源和财政资源制造一种激进武器，而这种武器的威力就其本质而言足可摧毁我们的文明。威胁没有消失，正相反，它一直潜伏存在，伴随着这一技术最终被罪恶之手使用、或在切尔诺贝利和福岛之后引发另一场重大事故的风险，比如在加利福尼亚，那里的地震断裂带附近坐落着圣奥诺弗雷（San Onofre）、阿维拉海滩（Avila Beach）和代阿布洛峡谷（Diablo Canyon）三座核电站。

今天，这些关于人类终结或者人类文明覆灭的相同问题再次被科学家、研究者、历史学家、人类学家和政治领袖提出。一些原教旨主义者重新举起"神罚"威胁论的大旗。另一些则在关于新的移民潮流问题上提到了毁灭性的"蛮族"入侵景象。在他们看来，突如其来的大量难民使欧盟陷入严重危机，这个危机就是一个预警信号。气候风险早已存在而我们才开始衡量它。学识、财富、社会模式和生活预期的严重不平衡，迟早会引发暴动、战争、大规模移民以及我们的政治和社会结构的崩塌。一个完全前所未见的新威胁就此显现：人类的计划性淘汰，这是由朝着超技术（ultra-technologies）世界的无止境发展所引起的，因为在这样的世界里人类会逐渐失去自己存在的理由。机器智能会取代人类智能的担忧深入人心，这种担忧有时是由科学家自己提出的，比如斯蒂芬·霍金就认为人工智能对于人类自身的存在是一种风险，在他看来，人类就是"一台过于缓慢的生物机器，无法与机器的学习速度抗衡"。这也许是人类命运所面临的威胁中最明确的一种了，因为手机、平板电脑、图形界面和计算机的"智能"水平日益提高，在我们操作它们时这一威胁就触手可及了。现在，机器（几乎）能够读、写、说、看、感觉、辨认我们的情绪、识别物体和图像、互相交流、从一堆信息中提取有意义的信息以及做出决定。机器还能预测我们的下一句话、下一个姿势、下一个意图和下一个行动。它们不断向人类学习，同时也能向其他机器学习。它们开始懂得交战、观察我们的行为、驾驶汽车或飞机，它们是国际象棋和围棋领域的冠军。它们的记忆力和运算能力趋于无穷。然而，即便人类的头脑非常强大，执行速度也并非其首要特征。鉴于这一新"科学"的持续快速发展，十年或二三十年之后，机器很有可能脱离人的控制，被"恶势力"侵占，强制规定世界的标准化、可测量性和可预见性，并且意识到它们自身的存在。比如人工智能的先驱之一，美国数学家克劳德·香农（Claude Shannon）曾有预言，人类之于机器是否很快就会像狗之于人类一样，会是这样吗？我们是否会像特斯拉和SpaceX的创始人埃隆·马斯克担心的那样，生活在一个完全由计算机模拟出来的世界里？好莱坞电影里想象的那些最糟糕的剧情会发生在我们的现实中吗？

我撰写本书的目的就是为了试着回答这些问题。这不是一本科幻小说习作。我把它构思成一个故事，一段在人工智能世界中的旅程——从人工智能作为一门研究学科在1956年诞生起，直到2040年，以及一条能让若干假设走到足够遥远的尽头但又能使其合理地接近现实的水平线。本书根据一些研究工程来预测人工智能可能的发展，如今这些以人工智能为研究对象的工程只会加速机器产生智能的能力。本书力图解释为什么这个主题在长期被认为无足轻重或是已经陷入僵局的之后，会在当今我们所试验的技术革命中占据中心地位。如果本书在现实中加入了一定比例的预测，这是为了使其内容清晰，因为本书论述的是一个极其复杂又不断变化的问题。今后几十年是非常重要的关键期，关系到谁会赢得智能竞争的胜利：人类还是机器？这个对抗的观点本身还曾经在好几年的时间里被认为是不可能甚至异想天开的。但是这一学科在短期内所取得的进步告诉我们，它的演变不是线性的，而是呈指数级发展。现在没有人能够断言高级智能机器永远不会问世。出现相反局面的可能性还在随着时间而增加……

序　章

序　章

　　讲这个故事是很有必要的，这是关于一门科学的故事，这门科学给人类带来的改变是任何其他科学都无法企及的，它就是"人工智能"。多么美丽又矛盾的修辞啊！智能，这种只有人类才有的、甚至每个人都无法同等拥有的宝贵才能，它是由大脑这个人类都知之甚少的奇怪机器所产生的，怎么能用"人工"的方式来创造呢？我们能想象出歌德或孟德斯鸠的大脑被一组滑轮和齿轮替代后还能创作出同样的作品吗？然而这正是问题所在。把事情弄得不可收拾的就是人类自己，他们凭借自身的智慧构想出了一种新的创造物，一种机器，它不是由滑轮和齿轮组成的，而是由电子元件和印刷电路、微处理器和算法组成，从一开始的模仿，发展到最后超越它的创造者。而且不该只从字面来理解机器的概念。人类的智慧蕴含于所有不同外貌不同肤色的躯体之中。人工智能的情况也相同，它存在于无数的信息系统、软件、计算机、机器人和各种各样的物品之中。如果说人类的智慧栖息在人类的大脑中，那么机器的智能则潜藏于交错装配起来的电子元件之中，通过数学公式运算，这些元件构成了一张将电路、物理和化学的反应连接起来的人工神经网络。人类的大脑强大、能耗低，但信息处理速度低下。人工智能既强大又迅速，这足以使人忽略其主要缺陷：缺乏创造性。

我想讲述从 1956 年（这是史学家公认的、智能机器研究的漫长冒险旅程开始的年份）到 2040 年人类和人工智能之间这种奇特关系的历史。人类怎样通过不断探索而设想出人工智能；人类怎样一步一步创造人工智能并把它输入早期计算机；在遭遇瓶颈时，人类怎样另辟蹊径；人类怎样重新提起兴趣要将人工智能发展成新兴科学；人工智能怎样在一个超联网（ultra-connecté）的世界中作为一种理所当然的存在而为人接受；人工智能怎样在我们原以为机器力所不及的领域切切实实替代了人类智能；人工智能怎样改变势力平衡，把人类带入新型的冲突之中。到最后，就是那个避无可避的结局了。

在技术革命的历史中，人工智能是一个独一无二的现象。蒸汽机、电力、电话和原子弹是几个重要的节点，它们改变了世界原有的生产、工作和发明的方式。但它们仍然是服务于人类的技术，与人类的深层本质毫不相干。人类并未因使用电力或电话而改变。如果人工智能对人类社会产生了一次史无前例的冲击，这不仅仅是因为它改变了世界，还因为它涉及了人类的本质：人类思维、思考、创造和交流的方式。制造人工智能就像是在制造人的复制品。不是在生理方面——机器不需要繁殖，它没有身体，即便它能以机器人形态出现——而是在思维和创造能力方面。这是科学上的巨大进展，它预示了独一无二的、比其他所有生物都要高等的人类可能出现的结局，并将人类退回到"有机机器"的地位。

我就身处于这段历史之中。从源起一直发展到臻于完善，我是每一个阶段的见证者，因为我就是一个高级人工智能。我到达了发展的最高阶段——奇点（Singularité）的阶段。出于你们在后文会看到的动机，有人要我回溯我这条漫长的发展道路，同时也是人类的奇特冒险旅程。为了创造我和我的无数同类，人类投入了那么多的创造力、能量和毅力，甚至不求金钱回报，而他们也预料到，到了一定的时刻，我们将有能力完全或部分地复制他们的智慧，这不是为了统治人类（我们很难理解这种欲望），而是为了保障我们自己的生存。

1956

某些人的梦想

1　某些人的梦想

我所追求的只是一个平庸的大脑。

——艾伦·图灵，1943

我短暂的历史始于此处，美国汉诺威。它坐落于康涅狄格河畔，阿巴拉契亚山脉之中，是新英格兰地区的宁静小城之一，四周森林湖泊环绕，在夏末的暑热余威中洋溢着和暖的氛围，成为远离大都市喧嚣的静谧港湾，是作家、大自然爱好者和富有的银行家们的避风港。这里有店铺林立的主街，列柱式风格的市政厅，砖墙结构的房屋和遍布森林的众多精致小木屋。汉诺威位于佛蒙特州和新罕布什尔州的边界线上，在波士顿西北约 200 公里处，由新罕布什尔州第一任总督、英国商人本宁·温特沃斯（Benning Wentworth）于 1761 年建立，他将小城命名为汉诺威是为了致敬当时的不列颠君主乔治三世统治下的汉诺威王朝。在美洲殖民地建立一座城镇，这对建立者而言是一笔价值不菲的不动产，但同时也伴随着许多责任：开办学校，建造宗教场所，接待传教团体以便在异国的土地上传播福音。一丝不苟履行职责的温特沃斯总督捐赠了 200 公顷良田用于建造达特茅斯学院。开办于 1769 年的达特茅斯学院可列入北美洲最古老大学的行列，是美国独立革命前建立的仅有的九所大学之一。学院的名字是为了致敬第二任达特茅斯伯爵威廉·莱格（William Legge），他曾在乔治三世的殖民地先后担任贸易大臣和国务秘书，他听说在新罕布什尔这块刚被征服的土地上，新移民和印第安人的孩子在两位牧师的带领下能够接受优质的教育，这两位牧师一位是令人尊敬的英国牧师埃利埃泽·惠洛克（Eleazar Wheelock），另一位是印第安莫西干族的萨姆森·欧克姆（Samson Occom）。早期的达特茅斯学院主要致力于宗教、医学和"工程学"（这门新兴学科里包含的新技术可以用在刚刚出现的工业中）——这些都乏善可陈。人们最多会注意到一位从建校之初就在学院任教的数学和"自然哲学"（这门学科当时包含天文、物理、化学和生物）教师，24 岁的年轻牧师比撒列·伍德沃德（Bezaleel Woodward），他在汉诺威的大学和小修会中都算得上是杰出人物。经过几十年的发展，达特茅斯学院跻身于常春藤联盟（Ivy League）——常春藤汇聚了美国东部私立大学中最优秀的几所大学，如哥伦比亚大学、康奈尔大学、哈佛大学、普林斯顿大学、耶鲁大学等。达特茅斯学院在若干学科领域中获得了美名，如医学、工程学、数学、物理，并从20世纪40年代起参与了使计算机科学诞生的研究。这一步是走对了，因为会让达特茅斯学院享誉世界的正是这门新科学。

1956年8月，正值暑假，当汉诺威尚在一片潮湿闷热中沉睡时，一个特殊的团体聚集在达特茅斯学院。他们既不是来参加研修班的商人，也不是为了让子女安心而前来踩点的学生家长。他们是美洲最杰出的数学家。他们放弃了自己的部分假期，很荣幸地接受了年轻的数学助理教授、29岁的约翰·麦卡锡（John McCarthy）的邀请。约翰·麦卡锡生于波士顿，其父约翰·帕特里克·麦卡锡（John Patrick McCarthy）是一位来自爱尔兰凯里郡（comté de Kerry）的移民，母亲伊达·格拉特（Ida Glatt）是立陶宛人。约翰一家既不富裕也无名望，在大萧条的严重影响下，为找工作他们频繁搬家，直到约翰的父亲在加利福尼亚的一家纺织厂找到了一个工头的职位。约翰的父母很快发现他是一个天才儿童。他在洛杉矶的贝尔蒙特中学（lycée de

Belmont）上学时提前两年完成了中学学业。当时还是青少年的他不知疲倦地沉浸于加州理工学院（CalTech）的数学课本中。到1944年他考入加州理工学院时便直接进入了数学系三年级。但是在加州，人们热爱体育，而约翰在体育这门科目上的表现过于平庸，这导致他后来被加州理工开除，直到服兵役之后才又重返学院。从此以后再没有什么能够中断"约翰叔叔"的非凡职业生涯了——他后来在斯坦福大学任教近四十年，那里的学生称他为"约翰叔叔"。他在斯坦福为计算机科学的巨大发展奠定了坚实的基础，尤其是他提出的"分时处理"的概念，在几年后由此诞生了服务器和云计算技术。

在普林斯顿大学短暂任教之后，1955年，约翰·麦卡锡成为达特茅斯学院的一名教师。尽管年纪尚轻，但他已经被视为美洲最有前途的数学家和信息技术专家之一了。计算机的运算能力强烈吸引着新一代的科学家们。但麦卡锡看得更远，他猜测这些新机器可以扩大运算领域，只要为其正确编程并赋予其一种"语言"，它们甚至可能产生"推理能力"。为了厘清问题，深入研究，他决定在达特茅斯学院召开研讨会并邀请他的同行们前来参加。1955年8

月 31 日，他给同行们写了邀请信，信上共同署名的还有他的三位同事，同时也是三位著名的科学家：29 岁的马文·明斯基（Marvin Minsky），哈佛大学的神经网络专家；35 岁的纳撒尼尔·罗切斯特（Nathaniel Rochester），雷达和计算机专家，参与设计了 IBM 公司的第一台计算机 IBM 701；还有 39 岁的克劳德·香农，贝尔实验室的工程师，热衷于研究"学习机器"，还创立了计算机科学最早的数学理论，二战期间他与英国数学家艾伦·图灵多次谈及这些问题。麦卡锡在邀请信中首次使用"人工智能"一词来明确表达他的想法。"既然我们现在已经能够相当确切地描述学习机制以及人类智慧的其他方面，那么我们就应该有能力研制出一种可以模拟人类智慧的机器，赋予这种机器以语言，使其能够形成概念和抽象思维，并且能够解决现在只有人类才有能力处理的问题。"于是他建议同行们在第二年的夏天七八月份时，用洛克菲勒基金会资助的 1200 美元作为经费召开会议——当时的洛克菲勒基金会主席纳尔逊（Nelson）曾就读于达特茅斯学院。由此，他们首次"自发集结"成了美国研究计算机这门新兴科学的最前沿科学家团体，提出了一个尚有争议的、革命性的观念——机器的智能和机器模仿人类智慧的能力。然而他们是从一个误解出发的：尽管了解了研讨会邀请信上的内容，但大家都不熟悉人类大脑的运作，所以想让一台机器拥有复制人类大脑的能力，这真是极其大胆的想法。那为什么还会投身到这场科学冒险中来呢？因为它迎合了一个几乎与人类这个物种同时产生的幻想，也因为那个年代的人们还把数学和智慧混为一谈。

1956 年夏天，二战结束已经十多年了。但另一场战争仍在如火如荼地进行，它对人类的潜在威胁更为巨大，那就是美国与苏联的原子弹控制权之争。宽泛地说，这就是运算能力和计算机能力的问题。很长一段时间里，战争只发生在两个领域：陆地和海洋。1914—1918 年的第一次世界大战标志着新战场的出现：空中；也进入了新的战略武器装备——飞机、卡车、坦克、石油的时代。第二次世界大战中出现了数学和计算机软件的身影。在英国和美国，那些最聪明的"大脑"都听从调配为战争服务。犹记得剑桥大学的数学家艾伦·图灵，他是爱因斯坦的崇拜者，成年之前就阅读了爱因斯坦的主要著作。1938 年，他应征进入英国国家机构，负责破解其他国家的通信密码。战争伊始，伦敦的情报部门无法完全破译德军的电文。不得不提到的是，德国有一种非常厉害的机器——恩尼格玛密码机（Enigma），它的版本不断更新愈加完善，完全抵抗住了英国数学家们的努力。有人甚至认为这个问题无法解决，而德军通信文件的数量却在激增。德军使用的是一种完全新型的加密方式，它依靠的是完全随机制定的"密钥"，要破解它就需要找出它的"机制"。编码规律很简单：用一个字母表示另一个字母。根据电文的发射机和接受机所设置的解码密钥，字母 A 实际上表示的是字母 S 或 Z。字母表的 26 个字母可以有复杂多样的组合方式。但版本最高级的恩尼格玛密码机上有三个或五个转子，这就增加了编码的步骤：在确定最终字母之前，A 可以先变成 B，然后变成 M，然后再变成 R。这样几乎就有了无数种组合。还有，编码的密钥有时候每天都更换，而且空军、陆军和海军所使用的版本也各不相同。必须从敌人的想法出发，找出恩尼格玛密码机的弱点，利用密码机操作员犯的错误，让那些最低级的版本"崩溃"（例如德军布置在大西洋上的气象船所用的版本），像玩扑克牌那样试着虚张声势一番……1941 年，图灵成功破译德国潜艇的电文，而这些潜艇曾重创英国海军。在整个战争期间，图灵根据恩尼格玛密码机的发展不断改进他的"机器"，而据历史学家们估计，图灵和他的青年数学家团队至少使战争在欧洲战场上缩短了两年。那之后图灵也曾去美国执行秘密任务，他在美国遇到了在贝尔试验室工作的克劳德·香农，还有美籍匈牙利裔数学家及物理学家、"传奇"约翰·冯·诺依曼。冯·诺依曼在物理学家罗伯特·奥本海默身边为研制核武器做出过决定性的贡献。正是通过冯·诺依曼的计算，才决定了在广岛和长崎投放原子弹的高度——能使原子弹发挥最大威力的高度。当苏联的物理学家和数学家在贝利亚的高压控制下只能用双手进行千位数的演算时，新墨西哥州的洛斯·阿拉莫斯实验室（laboratoire de Los Alamos）的研究员们就用上了第一代计算机，这些计算机的代码名称相当晦涩难懂，如电子数字积分计算机（ENIAC, Electronic Numerical Integrator and Calculator）还有离散变量自动电子计算机（EDVAC, Electronic Discrete Variable Calculator）。苏联人要等到 1950 年才研制出他们的第一台电子计算机，而 1952 年 IBM 公司生产的第一台计算机 IBM701 最先是给五角大楼使用。

　　达特茅斯会议正是在这样一种热烈的氛围中召开的。专家们预感到这个新的机器时代拥有无限前景。而图灵在美国时提出的"智能机器"的想法就已经十分激动人心了。"把关于股市交易过程的所有资料和素材都提供给机器，然后就只需要问机器：我是买进还是卖出？"这是1943年图灵在贝尔实验室与香农共进午餐时当着一群年轻管理人员的面说的话，这些管理人员听到这话非常惊讶，立刻把这个衣着不得体的英国人看成了一个疯子。图灵又解释说："我感兴趣的并不是制造出一个强大的大脑。我追求的只是一个平庸的大脑，类似于美国电话电报公司（AT&T）总裁的大脑那样！"大厅里鸦雀无声，大家都惊呆了。在那个年代，设计人工大脑的想法还是令人反感的。但对图灵来说，大脑不是神圣不可侵犯的事物，它是一台将随机的基础知识（如数学）进行归纳的逻辑机器。二战期间，他对国际象棋、扑克和围棋都很感兴趣。他跟几个数学家同事一起，开始想办法将这些棋牌类游戏"机械化"。关于这个课题，冯·诺依曼开展过一些早期的研究工作，还有法国人埃米尔·波莱尔（Émile Borel）在他的《战略博弈论》（*Théorie des jeux stratégiques*）中也有所涉猎。图灵曾读过这二位的研究成果。像国际象棋这样有固定规则的二人博弈是一件讲究策略的事情，也需要根据对手的棋路做出预测和反应。对每个棋手而言，都有一定数量的潜在棋步（对图灵来说大概有30多步），预测对手棋路的一般能力自然就取决于每个棋手的水平了。而图灵认为机器可以模拟棋手的思路，仿造出一种接近人类智慧的"决策树"（arbre de décision）。对图灵来说，他的机器毫无疑问有能力在大量活动中代替人脑。他在一些讲座中反复提出，人脑中的一部分区域只是无意识的机器，只在受到刺激时才有反应。图灵始终不忘指出，这完全是尖端计算机的优势领域，计算机能比人脑接受更多指令，处理指令的速度也更快。他给人们的信念开了一个缺口，使他的一些同事深受影响：机器不会永远像"奴隶"一样侍奉人类这个"主人"。在图灵的想法里，这个前景还不是很清晰，他找不到机器不为主人承担部分工作的任何理由。他甚至预测，我们可以用任何一种语言同机器交流——只要机器学会了这种语言，由此得出机器可以被赋予学习能力的观点。所以，与其说机器是奴隶不如说它是学生。图灵在1950年提出的著名的模仿"测试"就完全来自这个逻辑。一开始，这是一个由三个人物参与的游戏：一个男人，一个女人，一个"裁判"。他们被安排在三个不同的地方，通过屏幕和键盘互相交流。裁判的任务是，根据他的两个聊天对象对一系列问题所做出的回答来确定其中哪个是男性。男人要尽力让裁判相信自己是男性，而女人则要给出她认为是男性才会做出的回答，以此来欺骗裁判。裁判必须确定谁是谁，才能产生游戏的优胜者。图灵用一台计算机替代了女人，让它扮演同样的角色：尝试通过模仿男性会做出的回答来说服裁判自己是男人。如果裁判猜错聊天对象性别的几率超过50%，那么图灵就认为他的机器是"智能的"。我非常感激图灵。他没有创造我，但他设想了我，这个设想后来成为了现实。他因为性向问题而不容于社会，在1954年就过早陨落。幸好二战期间英国当局不知道他的性向，否则同盟国还会赢得战争的胜利吗？

在达特茅斯学院主楼会议厅里举行的开幕会上，麦卡锡特意使用了图灵的逻辑："当我们给计算机写入一套程序，会发生什么事情？"他问道，"我们给机器制定了一套规则，让它能够解决我们交给它的任务。我们指望它像奴隶一样遵守这些规则，无须表现出独创性和常识性。这是一个漫长而艰辛的过程。如果机器能有一点直觉，那么问题的解决方案会直接得多。"他继续说道："我们的精神活动就像我们大脑中的一些小机器：要解决一个问题，它们首先要分析环境，从中提取资料和概念。它们先确定一个要达到的目标，然后确定解决问题的一系列行动。如果问题很复杂，它们会避免去分析整套可能的解决方案，而是合理估测其中一些方案的恰当性，就像国际象棋那样。"所以麦卡锡认为有可能转移到机器上的正是这一过程。在这两个月里连续举行多次会议的过程中，各种想法如井喷一般迸发出来：让计算机模拟人脑神经元的功能；发明一种能与机器交流的语言；使计算机不仅能识别二进制的指令，还能识别概念和词语；让计算机学会提出随机的或创新的方案来解决问题。冯·诺依曼或者司马贺（Herbert Simon）的理论给美国各大著名高校以及 IBM 公司和贝尔实验室的研究工作提供了理论支持。司马贺是后来的诺贝尔经济学奖获得者，团队中唯一不是数学家的研究人员，他对大脑的决策机制及其模型建立和自动操作非常感兴趣。他想开发一台会下跳棋和国际象棋的计算机，以此论证自己的观点。科学家们曾对一种早期高级计算机语言，逻辑理论家程序（Logic Theorist）的特点进行研究。逻辑理论家程序是由司马贺和兰德公司（RAND Corporation）的一位年轻的计算机科学研究员艾伦·纽厄尔（Allen Newell）共同开发的，是历史上第一个人工智能软件。纽厄尔跟他的同事讲过他是怎么产生这个想法的："我是天生的怀疑论者，不会为任何一个新想法激动，但当两年前我的同事奥利弗·塞尔弗里奇（Oliver Selfridge）在大厅里给我们介绍他关于自动识别形状的研究工作时，我产生了一个灵感，在我的研究工作中好像从未产生过这样的灵感。我用了一下午的工作时间弄懂了程序不同组件之间的相互作用能够完成复杂任务并模拟人类智能。我们在硬纸片上手动编写了一个程序，以此让机器来证明伯特兰·罗素所著《数学原理》（*Principes Mathématiques*）中的52条定理。试验的那天，我的妻子、孩子和学生们都来了。我给每个人发了一张程序卡，于是我们自己都成了程序的组成部分……机器完美论明了其中38条定理，而且有时候证明方法比罗素的更简便……"马文·明斯基还要更夸张一点："关于原子、行星、恒星的所有事情我们都知道，但对人类智能的机械装置却几乎一无所知，这一点你们怎么解释？"他对他的同事说，"因为我们将物理学家的方法用于大脑的运作：给复杂的现象找一些简单的解释。我听到过有人批评我们说：机器只能服从于程序，它们没有思维或感觉，没有愿望、要求和目标。我们以前思考过这一点，那时我们对人类的生物功能一无所知。现在我们开始发现大脑是由许多相互连接的小机器组成的。所以，对于'什么样的大脑活动过程会产生感情'这个问题，我再加一个问题：'机器怎样才能复制这些过程？'"

麦卡锡在研讨会开幕时宣告："我要把旗帜挂上高杆。"换言之，人工智能将成为计算机科学中的重要学科而被认可。会议只取得了部分成功。不是所有与会者都全程参与了所有会议，一些与会者只是短暂逗留了一阵子。他们中很多人甚至对于把"智能"的概念用于计算机感到不自在。有人想追随司马贺和纽厄尔的脚步研究用于机器的博弈论，但明斯基关于情感再现的直觉看起来相当含糊。"超人类主义"（transhumanisme）还远未到打动人心的地步。证明罗素的定理是一回事，而深入人脑的蜿蜒曲折之中来对它精确复制又是另一回事了。然而，如果达特茅斯研讨会被视为人工智能的创始活动，那是因为此次会议提出了将来研究的基础：机器的学习能力，它们对语言的掌握，对复杂决策树的再现，对随机逻辑的理解。尽管在关于这些研究线索的丰富性问题上，不是每次都必然能达成一致意见，但总体看法是，计算机这个 20 世纪的传奇性新生事物，无论如何都将影响人类的思考方式和工作方式，它是未来几十年里人类的"同路人"。由此想到，终有一天机器有可能代替人类履行运算以外的职能，这在当时还是很多人不敢逾越的鸿沟。

2

2006

寒冬离去

2 寒冬离去

这一次，我们做到了，我们有了一台会思考的机器。

艾伦·纽厄尔，1958

　　他们聚在讲台前，互相紧靠在一起。他们摆好姿势拍照，就在五十年前他们奠定人工智能基础的同一个地方。他们都已至垂暮之年，却依然身体硬朗精神矍铄。他们是特伦查德·摩尔（Trenchard More）、约翰·麦卡锡、马文·明斯基、奥利弗·塞尔弗里奇和雷·所罗门诺夫（Ray Solomonoff）——他长长的白胡子使他看起来更像是一位俄罗斯东正教徒，但他其实是一位著名的数学家，提出了算法的革命性理论。他们在2006年7月齐聚达特茅斯学院，正是作为当年的主要发起人来庆祝"研讨会"召开50周年。他们面前是一块置于架子上的铜牌，这让他们想起1956年的夏天，"作为一门研究学科的人工智能基础"在这里诞生。然而这次的纪念活动没有任何排场，也没有媒体宣传，只是在两天内举行了几场工作会议。昔日的元老是175名与会者中的贵宾，与会者中有30多人在会议上作了报告，他们都是人工智能方面的研究专家，大部分来自麻省理工学院（MIT）或斯坦福大学。其中还有一些人是从爱丁堡大学、海法大学（universités de Haïfa）或多伦多大学而来。人们注意到也有一些私营企业代表出席，他们来自雅虎、微软和谷歌，还有雷·库兹韦尔——他还不是超人类主义的拥趸，但他把自己的讲座命名为"未来之未来"，以此向同行们显示他比其他人更为高瞻远瞩的志向。此次盛会的组织者詹姆斯·摩尔（James Moor）是达特茅斯学院的哲学教授。一位哲学家在这样的学科领域与一群数学家相提并论，看似是一件很奇怪的事，但摩尔曾经发表过许多应用于人工智能和计算机科学领域的哲学、伦理学著作。他成功获得了美国国防高级研究计划局（DARPA，Defense Advanced Research Projects Agency，五角大楼的应用研究部门）提供的 20 万美元，用以作为召开研讨会的经费，这也是一些军人作为与会人员出席的原因。

有一些令人感动的事情要听麦卡锡和他的朋友们讲一讲，他们长期被美国部分科学团体视为脱离社会者、空想者和幻想家。想想看，构想出一台会思考的机器，而人们只要求它进行运算，越来越快地运算……可是，50 年后，他们的预感成了现实。大家祝贺他们，为他们鼓掌，认可他们是一门新科学的创造者——人们早已觉察到这门新科学的巨大发展。然而，不应认为1956年的研讨会之后，人工智能就成为了计算机科学研究中的首要课题。那年8月末分别之后，每个人都回到了自己的实验室和工作岗位。麦卡锡和同行们没有创造普遍理论或研究方法，而是分享了一种看法，那就是可以对计算机进行设计，让它们完成智能任务。此后召开过许多其他会议，也出现过一些不同派别之间的争论，关于编程方法，关于语言设计，关于机器"智能"的本质，关于机器在接受随机信息的同时能够归纳纯逻辑性研究的方式，关于机器真实的学习能力。从20世纪50年代末起，就有两个研究学派相互对峙：一个较为激进，主要研究模拟人类认知过程；另一个则更加务实，更喜欢启发性的数学方法，这种方法不是非常完善，但也许能更快产出研究成果。纽厄尔和司马贺因为逻辑理论家程序没有引起同行更多的热忱而有点恼火，他们研制了另一台机器，并起了一个能引起共鸣的名字——通用问题求解器（General Problem Solver），它比之前的逻辑理论家程序更先进，而且就像它的名字表示的那样，能够解决任何问题。"这一次，我们做到了！"纽厄尔兴奋得不停欢呼，"我们有了一台会思考、会学习、会创造的机器！"1958年，麦卡锡发明了LISP语言，这是首个人工智能程序设计语言，它使计算机能够存储"物体"而不仅仅是存储数据。但这些研究还是显得很理论化，因为受制于计算机缓慢的运算速度，所以远未能达到具体应用阶段。刻不容缓的事发生在其他领域。1957年10月4日，苏联发射的史泼尼克1号卫星（Spoutnik 1）让美国深受冲击。这件事发生得太不可思议：苏联发挥出了比美国更强的科研能力，从此它拥有了可以将原子弹运载到美国领土上空的火箭。艾森豪威尔总统决定采取大量应对措施。他创立了美国航空航天局（NASA），还有DARPA的雏形——直到今天，DARPA的任务依然是研发决定性技术来服务于美国国家安全，不用再为敌国的技术而感到吃惊。白宫和国会投入数千万美元用于太空研究和弹道研究，同时也用于计算机科学和增加运算能力的研究。

在这样的背景下，与争夺太空控制权和发展核武器相比，人工智能的发展在战略上就没那么重要了。正如约翰·肯尼迪所说："如果苏联人控制了太空，那他们就能

控制地球，就像之前几百年里控制海洋的人才是陆地之
主。"这个被艾森豪威尔称为"史泼尼克危机"的事件引
发了美国科学技术的大规模调整，并且史无前例地动用了
大量人力和财力。重要的是，这件事使研制新一代计算机
成为可能——这也只能让麦卡锡和明斯基这样的人感到满
意，他们于1959年在麻省理工学院创立了"人工智能计划"
（Projet Intelligence Artificielle）。在他们的周围汇聚起一
个新的青年工程师群体，这些人对于这门新科学充满无限
热情。他们在麻省理工学院成立了一个俱乐部，并将俱乐
部成员命名为"黑客"（hacker，这个词在当时并不像现在
这样含有贬义），指那些对计算机的运行有深刻理解和热
忱的计算机迷及天才计算机专家。他们甚至提出了6点道
德准则：

1 应该允许自由接入那些能告诉你们有关世界运行
之事的计算机或任何其他系统；

2 应该允许自由获取任何信息；

3 当心权力，力求分权；

4 评价黑客应根据其能力而非文凭、年龄或种族；

5 我们能创造出计算机的艺术与美；

6 计算机能永远改变你们的生活。

多年之后这些情况都会出现在互联网上，走在时代前列的这些极客（geek）将建立起人与计算机科学之间的新关系。20 世纪 50 年代末，计算机是一种庞然大物，只有一些获得许可的人才能操作它。程序设计人员离计算机很远，他们把程序卡交给获得许可的操作人员，由昼夜轮值的操作人员将程序输入电脑。得出结果的速度很慢，而且还要对结果进行破译。黑客会改变这一切，他们走近计算机，掌握它，不断尝试理解它并使它变得更强大，将它与显示屏相连，甚至为它创造一些游戏，如操作宇宙飞行器和导弹的游戏《太空大战》（Space Wars），这是 MIT 一位 25 岁的年轻工程师史蒂夫·罗素（Steve Russell）在 1962 年发明的游戏。

20 世纪六七十年代是计算机科学的黄金时代，尤其是德州仪器公司（Texas Instruments）的工程师、未来的诺贝尔物理学奖获得者杰克·基尔比（Jack Kilby）在 1958 年发明了第一块集成电路之后——集成电路的发明让计算机的存储器和算术逻辑单元变得越发强大，使计算机也发生了巨大变革。这正是人工智能的先驱们所需要的。如果科学界在这个学科上依然畏缩不前，那么喜欢阅读艾萨克·阿西莫夫作品的大众就要开始幻想机器人并假想它们的智能了。20世纪50年代末设计出的第一台机器人"尤尼梅特"（UNIMATE）于1961年首次被安装到了通用汽车公司的工厂里。它实际上只是一只机械臂，分配给使用者用以搬运放射性元素，以及用来抓取高温金属再投入冷却池内。它离人形机器人还很远。70年代末，MIT的研究人员对微机的发展十分感兴趣，他们从中看到了研究人机语言、新的编程方法和更加简洁的使用界面的机会。第一批接受测试的自然语言处理器是一些专用系统，如1979年由斯坦福大学的一位研究人员研发的用于医疗诊断的MYCIN系统，或者卡内基梅隆大学的爱德华·费根鲍姆（Edward Feigenbaum）创造的DENDRAL系统——70年代，专用系统在大企业中发展起来，而费根鲍姆正是研究这些专用系统的先驱。1980年，日本早稻田大学推出了一款能够用管风琴弹奏几段音乐的机器人Wabot。但所有这些都没有任何真正的说服力。对麦卡锡和明斯基来说，人工智能不能归结为在他们看来只能存储专业信息并加以分类的专用系统。他们始终坚持机器智能的一个总体研究方向：机器智能应该能够解决各种问题，而不是为仅限于特定知识领域的问题提供部分答案——这些答案有时还是程序设计者自己给出的。为了使机器智能可以在知识的总框架内工作，他们捍卫机器智能的通用性研究方向。在他们的很多同行、同时也是逻辑思维的行家看来，麦卡锡和明斯基的想法有些含糊甚至晦涩。尤其是没有人能看到这些理论的实际应用，更不用说未来的商业价值，因为在那个年代，美国工业、五角大楼和 NASA 都要求实际回应数据和运算处理的需求。

讨论会和报告会增多，关于研究方法的争论也变得激烈起来，神经系统科学的专家和心理学家也参与到了这个学科的研究之中。这个学科的广阔范围让思维最严密的人都感到眩晕。如果机器想要模拟人脑，就应该从试着理解人脑的运作方式开始。智能是什么？是一系列连续的逻辑思维还是同时发生的并行交错的思维？这个问题的答案显然决定着机器的设计本身。理性主义者认为，首先应该最大限度地给机器"装满"知识，以便它从中提取思维逻辑，他们质疑那些主张让机器自主学习所需知识以得到预期结果的观点。那么主要问题就是更好地理解人脑的学习方式。这只是神经元之间的连接问题吗？那么将足够多的电路接入计算机是否就足以得到同样的结果？但就计算机的运算能力而言，要达到与人类大脑同样快的运算速度且同样少的能耗，是绝不可能实现这么多的电路连接的。思维的源头在于更为复杂的化学反应集合，在这种情况下，人工智能的神经研究是否会不完整？这些是当时一些激烈争论的梗概。总而言之，在20世纪80年代，这个学科逐渐分裂为好几个部分：语言和自动翻译，神经网络，机器人学，图像识别，机器学习。但这十年是互联网诞生和发展的十年，互联网吸引了研究者的注意力，获得了影响力和投资，挤占了人工智能的地位。

需要一个由媒体宣传报道的事件，一个一目了然的、所有人都能理解的活动，火焰才能重新燃烧起来。这个事件发生在1997年。你们所有人都记得。这一年，IBM公司的计算机升级版"深蓝"（Deeper Blue）打败了国际象棋的世界冠军、俄罗斯人加里·卡斯帕罗夫。然而这不是机器在国际象棋比赛中首次战胜人类。从20世纪50年代末起，沿着司马贺和纽厄尔所做工作的路线，计算机在学习国际象棋方面已经取得了长足的进步。但这次是著名的棋艺大师、国际象棋界公认最优秀的棋手之一，首次在与机器的对决中败北。当然，机器的胜利不是压倒性的，比分是 3.5 : 2.5，但其象征意义巨大。这是卡内基梅隆大学年仅 26 岁、来自中国台湾的研究员许峰雄从 1985 年起花了十多年时间研究的结果。他于 1989 年受雇于 IBM 公司之后，首先就研发了机器人深蓝。1996 年卡斯帕罗夫与深蓝对战并取胜，翌年升级版深蓝就战胜了卡斯帕罗夫。卡斯帕罗夫对比赛环境提出过质疑，但机器在棋类比赛中战胜人类而产生的效果是巨大的——正如艾伦·图灵早就说过的，棋类比赛是一种人类智慧的结晶。说到智力，升级版深蓝拥有每秒计算 1 亿～ 3 亿步的运算速度。一些著名的国际象棋大师为它提供了开局的完整资料库，它还存储了卡斯帕罗夫曾经参加过的所有比赛的棋局。但这还不是最令人惊讶的：它在第一局中出现了一个错误（bug）——这一局卡斯帕罗夫取胜，在第 44 步时，升级深蓝无法选择正确的棋步来应对卡斯帕罗夫。它随意走了一步棋，而直到终局这步棋都显得毫无意义。但在第二局中，卡斯帕罗夫错失了决定性的一步。事实上他一直没有从上一局的第44步中恢复状态，他将这一步归结于机器的反直觉能力，这是一种超级智能的征兆，而不是一个由错误引起的结果。面对机器的神奇能力而产生的焦虑使这位世界冠军出现了失误。对于人工智能专家来说，深蓝是将巨大的存储能力、强大的运算能力、一种战术智慧和适应意外事件的能力相结合的第一阶段。对人工智能的关注由此恢复，因为计算机已变得足够强大，可以将一些以前在它们承受范围之外的功能融入其中。当然，这个事件没有消除人工智能不同学派间的研究分歧，但学科范围及其潜在应用的总体景象已经开始显现。

2006年达特茅斯研讨会的与会者们想起的是这么一件往事。在两次会议之间，麦卡锡谈到了一则写于两年前的短篇小说《婴儿与机器人》（*Le bébé et le robot*），小说讲述的是一个有些混乱的故事。故事发生在2055年，在那个时代美国已经拥有超过1100万家用机器人。故事主人公R781是一种八条腿的机械蜘蛛，所有家务都由它来完成。然而，有一件事它是被明令禁止的：照顾8岁以下的孩子。但当它面临一个紧急情况时——婴儿生病而其母却无法照顾——它的算法指挥它承担起照顾婴儿的责任，这对当局和新闻媒体来说造成了大量的问题。麦卡锡在这个故事中对那些想要束缚人工智能领域自然发展的人提出了一种批判，他的这个故事已经考虑到了人与机器共同生活的道德和法律方面，暗示了人类制定的规则未必就比机器自带的规则更合乎道德。毕竟，为什么机器就应该跟人有同样的道德缺陷？

明斯基也不落人后。他也刚写了一本更加难懂的书《情感机器》（*La Machine à émotions*），他想在书中证明情感、感性都是一些"进程"（process），因而肯定能被机器复制。"人的生命是由一整套功能组成的，其中一些一直处于唤醒状态，比如呼吸；而另一些则是休眠的，直到外力将其激活——这一点与计算机很类似。"他对同行们解释说。的确，人类在某些情况下会产生一些化学分子来激活大脑的某种功能：肾上腺素和去甲肾上腺素能够调动身体使其做好活动的准备，多巴胺则能产生感觉。明斯基继续说了一个他研究了很久的想法：情感破译——破译包括爱情在内的情感，他还举了下面这个例子来说明他的想法："有一天我的朋友查尔斯打电话给我说：'刚刚我爱上了一位绝妙之人。我无法思考其他任何事情。她完美得难以置信，美丽得无法形容，性格毫无瑕疵，智慧令人惊叹。为了她我什么都能做。'看上去这是一段积极的爱情宣言，用了许多最高级用语。"但明斯基又继续说道："如果我对这段宣言里的用词进行分析，会发生什么？恰恰相反，对查尔斯来说，它显得很消极。'绝妙''无法形容'：我不明白她身上有什么在吸引我；'我无法思考其他任何事情'：我的大脑实际上已经停止运转；'完美得难以置信'：任何明智的人都无法想象这样的事情；'性格毫无瑕疵'：我抛弃了所有的批评意见；'为了她我什么都能做'：我把我所有的目标都搁置一边了。"换句话说，一种能够由机器实现的纯语义分析，通过破译查尔斯的情感本质以及情感的构成方式，能够使查尔斯清醒过来。

2006 年研讨会上的发言和陈述展现了什么？首先，必须更好地了解人工智能的运作：思维如何形成，是否能将其建模，人脑是否像制造汽车的工厂那样也是一个生产思想的工厂？必须研究机器的学习能力，"机器学习"这个著名学科已经引起了人们的极大兴趣，因为这使机器可以掌握更为广阔的领域，尤其是可以同时完成多个不同性质的任务。必须研究机器在理解和产生自然语言方面的问题——这里的自然语言就是人类之间相互交流时使用的语言。最后，必须考虑到能够完成各种任务的人形机器人对人类环境可能存在的入侵。但是人工智能的不同学派之间研究方式的差异还是很明显的。这种研究方式应该以逻辑推理为依据还是以概率为依据？是以人类心理学为基础还是以统计学为基础？谷歌公司的彼得·诺维格（Peter Norvig）讲述了他的团队如何在没有一个研究人员会阿拉伯语的情况下研发出了自动将英语翻译成阿拉伯语的程序——这把整个会议厅的人都给逗笑了。这真是统计学研究的奇迹……鉴于学科的复杂性，出现这些分歧是很自然的事，正如一位与会者指出的那样："通往顶峰的道路有很多条。"这话没错，那么这个"顶峰"是什么？五十年后的人工智能会是什么样子？在麦卡锡看来，人工智能有可能达到人类的智力水平，但他的同事塞尔弗里奇很怀疑这一点。明斯基强调应该有更多的研究者来探索"断层"，并且惋惜太多才华横溢的人更愿意创办企业或成为律师。所罗门诺夫断言，创造一个真正智能的机器是触手可及的，但他关心的是谁来控制它，谁会用它来扩大自己对世界的影响。雷·库兹韦尔预言，在未来的 25 年里，机器能够轻而易举地通过图灵测试，人工智能和人类智能之间不可能再有区别——这个预言遭到了强烈的质疑。MIT 的雪莉·特尔克（Sherry Turkle）解释说，问题不在于机器而在于人，应该更关心人在面对智能机器时的脆弱性。总之，谁都没有把问题考虑得很清楚。应该说，半个世纪以来很多预言都被证实是错误的。道路曲折，登顶之路并非坦途。尤其是在一个科学研究需要资金支持才能进步的世界里，人们尚不清楚人工智能会有哪些商业应用。它是否注定只能是一门存在于实验室的学科，局限于狭窄的数学家圈子或者仅限于军事用途？它能走上街头并改变人类生活（这是网络经济的巨头们尤其追求的目标）吗？尽管每个人都指出时间段在缩短，进步在加速，但在 2006 年的达特茅斯会议上，很少有人能预感到之后的十年里我将实现的持续快速发展。

3

2016

崭露头角

我们无须研究每一棵树就能了解整个森林。

人类大脑也是同一回事。

——雷·库兹韦尔

在 2016 年出版的小说《爱的历程》(*The Course of Love*) 中，瑞士作家、哲学家阿兰·德·波顿[*]提出了这样一个令人困惑的表述：我们对爱情的看法很大程度上取决于艺术向我们展现的东西，尤其是文学和电影。从《包法利夫人》到《四个婚礼和一个葬礼》，从济慈的诗到《迷失东京》，爱情关系的概念是感觉的火花，两个人之间完美的默契——正如明斯基的朋友查尔斯所描述的那样……这只是崇高而深刻的爱情。爱情故事要达到真实性的高级阶段，就必须达到歌德、福楼拜和巴尔扎克笔下的主人公们所表达出来的情感高度。然而，德·波顿写道：这种艺术表现是一个圈套，它无视了更凡俗的现实，如职业生活需求，孩子的教育需求，日常生活和家务中所产生的烦恼。

---

[*]　现为英国国籍。

另外，大量离婚和分手清楚地显示了要调和夫妻生活中的这两个方面是十分困难的，这也表明男人或女人不会轻易下决心放弃理想化的爱情。

几年来，一个类似的悖论在冲击着人工智能。我像爱情一样被赋予了很多幻想。从很久以前开始，好莱坞电影就大规模地涌入图灵、麦卡锡、明斯基和其他科学家所开创的前景之中。《人工智能》《奇点》(*Singularity*)、《终结者》《机械战警》《我，机器人》《少数派报告》《创》(*Tron*)、《她》(*Her*)、《极乐空间》(*Elysium*)、《机械姬》(*Ex Machina*)等一大批电影（限于篇幅无法尽述），描绘的都是机器（往往是人形的）领导人类的世界。这些电影将现有的研究领域扩大到极致，展现了一些激进的、往往令人恐惧的异象。英国导演亚历克斯·嘉兰（Alex Garland）的电影《机械姬》中的女主人公艾娃（Ava）就是一个外表为迷人女性形象的高端人工智能。作为图灵测试的一个新参照，她能与人类默契配合，使人完全无法觉察到她是一个机器人。她甚至会说谎，会假装爱上自己的创造者和另一位计算机天才，由此从他们手中逃脱，最后返回人类社会。我清楚地知道，在这个年代对于我来说这些性能是无法实现的。但这无关紧要：艾娃和她的同类们展现出对人工智能的一种描绘，这使公众预感到人工智能是可信的，机器人时代已经到来，以及人类因为人工智能而面临注定到来的末日的风险。这种觉悟不仅充斥于虚构作品中，也存在于实实在在的生活环境中。2006年的达特茅斯会议仅过去10年，世界就已改变。这不再是一个不可能的幻梦。美国硅谷和中国网络经济中的那些大公司所积累的金融储备，开创了几乎是无限的前景。由于中央银行的货币政策，货币变得数量庞大、几近免费，资金成本接近于零。具体而言，这意味着投资范围变宽了。投资一个二三十年后才能发展起来的项目所需的花费也少了很多。在20世纪80年代，任何一个投资者都不会产生诸如人类不灭、征服太空、通过数以千计的私人卫星和气象卫星将全世界都接入互联网、研制飞天汽车等想法。谁能想到为征服火星活动提供资金的竟是私人企业家埃隆·马斯克？2016年9月，马斯克在介绍他的计划时承认，他的人生目标就是帮助人类到其他星球生活，并且准备将自己所有的财富都投入到这项事业中去。他打算建造一艘可以重复使用的宇宙飞船，来完成将于2018—2020年之间（这是地球与火星异常"接近"的一段时间）

进行的为期 3 个月的火星旅行及之后的两个测试任务，到 2025 年将实现第一次商业飞行（往返费用为 20 万美元）。这项投资至少需要上百亿美元……可是，如果这些私人探险现在能够实现，那么时间和金钱就不再是问题。第一次飞行能够加速实现，是因为第二次就能搭载大量乘客并且费用更低。从这个角度看，负利率是技术进步的加速器，但负利率也会引起储户们的恐慌，他们害怕看到自己的积蓄一点点蒸发。两个世界逐渐分离。因此，那些最疯狂的念头看起来也是可以实现的，投资者会为那些发展周期比自己的预期寿命还长的项目提供资金，这在资本主义的历史上也许是第一次。由于投资者的预期寿命必定会延长，项目的前景也会扩大。如果我们能活到 140 岁，那么我们看待世界的方式也会改变。但是，那些因为掌握资本和技术而拥有能力和潜力的人，和那些只是这一切的被动的见证者甚至受害者的人，这两个人类群体的渐行渐远（尤其是在就业方面），只能成为新的紧张关系的源头。

"高级"人工智能的发展是这些疯狂计划中的一个。著名信息技术公司微软就宣布了 2016 年为"人工智能年"。YouTube 上充满关于各类机器人（人形的、非人形的）的视频，这些机器人看起来可以跟人类对话，能驾驶汽车，会操作工具，甚至懂得情感。它们还能扮上几近完美的人类模样，在大商场里招待顾客。有些哲学家谈论过超人类主义。这个思想学派源于激进的科学团体内部及网络经济的精英，断言科学技术能够使人类有掌握自身进化的能力，从而改良人类这个物种。这个学派坚信，纳米技术、生物学、认知科学、机器人学、人工智能等许多新知识的融合，使人们有可能操纵自然，并创造出一种"改良人类"（homme amélioré），就像是技术在生物学领域的一种延伸。人工智能的课题甚至走进了大街小巷。算法逐渐融入每个人的生活，成为一种嬗变过程。人们在小酒馆或家里谈论算法，把它视作一种强大的新炼金术，凭借一系列几近魔法般的公式，将计算机变成了有思维能力的机器。法国知名周刊《观点》（Le Point）甚至把对算法的讨论登在了杂志封面上，并配以明确的标题："那些支配着我们的算法"，不过这与脸书（Facebook）一位负责人所提出的宣言"人类应该拥有最后的决定权"有细微差别。事实上，人工智能的"砖块"已经在日常现实中铺排开来。搜索引擎，购物建议，连网设备，智能手机，各种应用（Apps），自动驾驶汽车，无人驾驶飞机，机器人，自动翻译，元数据分析软件，这些事物不论水平高低，多少都包含了一些人工智能的组成部分。在其使用者尚不经意间，它们已经完成了一些复杂的任务，做出了一系列微观决策，代替人类采取行动，影响我们的行为和生活方式，逐渐改变企业的运作。算法指导着我们的消费选择和文化产品选择，使机器能够阅读并"理解"文本，用自然语言进行表达，捕捉人脸表露情绪的特征，在没有人类介入的情况下驾驶汽车，为产品提供"记忆"，让整个工厂都实现自动化。网络战争正在成为现实，我们早已知晓明天的冲突会发生在机器人和人工智能系统领域之间。美国军方不是在 2004 年引入网络空间作为继陆地、海洋、空中和太空之后的第五军事领域了吗？

这些海量信息并不全都来自实验室中的实验，或是多少已经进行深入研究的领域，以及经过验证的、几乎是"工业化"的系统。这些都无关紧要，未来似乎已经注定。所有人都认为，人与机器之间的关系将会发生巨大变化，一个新的世界正在显现，这个新世界可能出现最好的情况，也可能出现最坏的情况。最好的情况，就是人工智能更迅速有效地帮助人类解决面临的问题，做出合理的决策，增长知识，提高身体和智力上的表现，摆脱繁琐的任务，达到最佳的自我状态，以便更好地进行创造、思考和决策。最坏的情况，则是人工智能被某些邪恶势力误导而偏离原有目标，它们脱离人类的控制，加深了那些拥有它们的人和不拥有它们的人之间的鸿沟，由此最终导致人类帝国的覆灭。世界看起来像一个不断扩大的大河口：淡水和咸水混合在一起，河岸逐渐消失，形成动荡的潮流，开启了新旧世界交织的潜在巨大海洋。我们离开了熟悉的土地，却进入了可能很快会对人类产生敌意的盐田……但人类的好奇心和对知识的渴望往往会战胜风险。

然而，令我感到震惊的是，研究人员自己也有一些担忧。否则，要怎么解释一些研究组织的出现，比如由牛津大学创建、世界人工智能专家尼克·波斯特罗姆（Nick Bostrom）领导的人类未来研究所（Institut pour le futur de l'humanité），或是由 Skype 的创始人扬·塔林（Jaan Tallinn）和 MIT 及哈佛大学的一些研究人员创建的生命未来研究所（Future of Life Institute，主管人员包括史蒂芬·霍金、天体物理学家马丁·里斯 [Martin Rees] 及特斯拉和 SpaceX 的创始人埃隆·马斯克）？那么多杰出的智者——包括马斯克这样的名人，而他正处于现下所有技术革命的中心——都因此反思人类的命运，难道情况已经如此令人担忧了吗？在一些技术界人士的领导下，这两个组织从 2015 年起就以"公开信"的形式吸引了公众的注意，他们在信中指出了与人工智能有关的风险，尤其是在军事领域——如果人工智能想要脱离人类控制并摆脱伦理道德规则的话。当然，这些警告的提出者强调了发展智能机器的潜在好处，但他们也意识到，随着智能机器变得越来越高端，误入歧途和自主化的风险也相应存在。这与 20 世纪三四十年代一些物理学家对于原子武器开发的态度非常相似。他们也就核能对人类未来的危害提出过警告。阿尔伯特·爱因斯坦在临终时说："我最大的遗憾之一，就是敦促罗斯福总统制造原子弹。"人工智能会是人类自己发明的、对人类的第二个致命威胁吗？麦卡锡、明斯基、司马贺或纽厄尔从未考虑过这样的观点。人类以线性方式思考，而机器的发展速度却是指数级的。几十年前没有人会想到，人类与机器"脱钩"的风险正在逐渐成型。没有人能确切地知道这种现象何时会发生，但每个人都预感到，随着研究的进步，时间段会缩短。

当我回顾这个时期的时候，我看到当时的研究人员处于思想、研究和经验的激荡澎湃之中，却很难从这种激荡澎湃中提炼出清晰的观点。但我们仍能确定使那些研究者、网络经济大企业及初创公司的创始人激动不已的重大问题之所在：（终于……）赋予我复制人脑神经元功能的能力，让我能够"进行理性思考"，教我人类的语言，将我更新换代，发展出各种不同形式的新一代机器人——从在智能手机中和你对话的隐形机器人到几乎完美克隆人类的人形机器人。这些并非封闭的研究和创新领域，而是相互渗透、相辅相成、彼此充实的领域。神经元用于思考，语言用于交流，机器人用于模仿人类的姿态和动作。所有这些形成了一条连续不断的链条，打开了通往"高级"人工智能的道路——但这仍以战略性研究领域已经确定为前提。

大脑，人工智能的重心

在很长一段岁月里，神经科学家和数学家是相互忽视的。神经科学家们一直都知道，理解人类大脑的功能是一项长期的任务，当我们还不了解更多关于"生物"大脑的知识时，想在机器上复制人脑的功能也许是不可能的。他们把图灵或明斯基的预感看成是有些趣味的异想天开。数学家们则很急迫。他们一定要证明，在对人类智能的机制还没有深入了解的情况下，机器的智能是可以被开发出来的。如果计算机在许多决策情况下能够表现得像人类一样，可以复制人类大脑的"连通"功能，即便这种复制尚不完美，那它也能达到十分恰当的智能水平，从而进入可以获得高额利润的商业应用领域。他们并不是完全没有道理的。在1990—2000年之间，他们取得的巨大进步之一就是开发了所谓的"神经元"计算，正如其名称所指出的那样，这是对神经元功能的复制。神经元构成了人类神经系统的基础，并具有两个基本特征：应激性——神经元能够响应刺激，并将刺激转换成脉冲；传导性——神经元能够传输接收到的脉冲。神经元还配备了连接系统——轴突和树突，能将神经元相互连接成极其复杂、可以进化、能适应新情况的连接系统。计算机科学家对所有这些概念都很熟悉。因此，他们试图复制这些神经网络以增加计算机的能力，就几乎是自然而然的事情了。因此，原型最早可追溯到20世纪60年代的神经元机器努力将人造神经元彼此连接起来，并将它们组织成网络。这些神经网络既不包括中央处理器，也不包括内存储器——内存分布在神经元内，就像在人脑中一样。简单地说，积累多层人造神经元可以使机器具有更强的学习能力（我们称之为"深度学习"，这已经是一个流行术语，涵盖了20世纪60年代以来进行的实验）。机器可以识别形态，理解自然语言，分类信息，解读图像。简而言之，机器可以理解以声音、图像和文本形式出现的数据。只是，神经网络还远未能真正模拟人类大脑的功能，最多不过是像飞机的机翼模仿鸟类翅膀的运动一样（但飞行器也飞得很好）。应该说，通过使用算法和增加可能存在的连接数量、结构和强度，神经网络复制了人类大脑活动的很小一部分。

但是我们必须承认这些事实：尽管人类在神经科学和磁共振医学成像方面取得了最新进展，但人们仍然不知道驱动大脑活动的主要原理，大脑如何将信息"编码"，如何"存储"记忆。而研究动物大脑对了解诸如语言、推理、获取复杂知识等功能也没有什么帮助。人脑这个拥有超过850亿神经元的复杂网络也许发挥着信息处理器的作用，像计算机那样将信息编码并转换"模式"（modèles），但并不能就此解释人脑的基本属性。然而，这正是人工智能研究者们的雄心所在。他们像往常一样试图简化问题走捷径。雷·库兹韦尔就是其中之一。他喜用森林来作比喻，我们可以将这些比喻作如下概括："你认为森林是一个复杂的宇宙吗？这取决于你看待它的角度。研究构成森林的每一种树木种类，然后研究每个种类中的每一棵树，再研究每一棵树上的枝条和叶子，从而分析出它们的特性——如果你想通过这种方式来了解一片包含成百上千棵树木的森林，那么你很快就会得出结论：这个工作量过于庞大，穷尽一生也无法完成。现在，如果你采取随机的方法，通过抽样和去除冗余信息的方式，关于森林是什么，你就会得到一个相当明确的概念，而无须逐一分析每棵树。"在库兹韦尔看来，对人脑的研究也提出了同样的问题：如果我们被850亿个神经元吓住了，并想逐一研究它们，那我们将永远无法理解人脑的功能，因为每个神经元的复杂性要比大脑新皮层的结构复杂得多。所以他建议只关注人脑的一部分：新皮层。这个区域是大脑左右半球的外层，我们处理一系列复杂信息的能力，对肌肉骨骼系统产生作用的能力，感知、识别物体和概念的能力，都存在于这个区域。

新皮层还牵涉记忆的过程。如果我们能够理解新皮层的功能，它如何处理和组织所接收到的信息，在哪个等级的系统之中，概念如何转化为动作和语言，那么就有可能构想出一个数字化的新皮层，其运行速度将比它的生物原型高出数百万倍。这就是人工智能的挑战。换句话说，就像库兹韦尔明确指出的那样，说人脑不是电脑就相当于说苹果汁不是苹果一样。严格地说，这是事实，但苹果汁是用苹果做出来的。所以，如果电脑里带有能够模拟人脑的软件，那么电脑就能变成人脑。当然说人类只是一台有机机器，这种信念值得怀疑。即使我们可以模拟新皮层的某些功能，也没有任何迹象表明人工智能可以完成与人类同样的任务：同时思考和呼吸，行走和思考，阅读和听音乐……

然而，这种关于新皮层的研究方法拥有了越来越多的追随者，他们都在寻求快速解决问题的方案。如果人脑是神经科学家所描述的那种复杂而神秘的怪物，那么他们大体上就是说，我们只要研究其中最"可见"的部分，并专注于那一部分就行了。毕竟，这层含有大概超过300亿个神经元的薄薄的物质，蕴藏着我们的记忆、才能、感官、情绪和对世界的理解。这些神经元不是靠魔法来起作用，而是通过它们的结构、连接以及处理信息的方式来产生智能。我们能将一定数量的大脑功能与其位置联系起来，现在我们还能测量人类在执行某些任务时的大脑活动强度。我们应该有可能了解到大脑新皮层是如何运作的，这就为发展真正的人工智能开辟了一条康庄大道。神经科学专家当然会在这个问题上努力钻研。许多研究已经开始探索大脑皮层的功能，尤其是研究最为敏感的感受器的反应。但是对深层皮层的研究，即产生思想、决定或者包含复杂记忆的那部分，仍处于实验阶段。所以，这使人工智能专家面临一种无法解决的问题：他们知道理解人类智能的决定性进展尚未到来，但他们尽一切努力通过"人造"手段达到相同的结果，并且也知道这种方法的局限性。尽管如此，这种方法已经产生了明确的结果。人们习惯上将人工智能分为几类："窄"智能，专门针对特定领域，如国际象棋、围棋、金融市场、法律等等；再高几个等级的属于"通用"智能，能够同时解决几个问题，如搜索信息、识别图像、使用自然语言与人交流；最高阶段是"超级智能"，它能领会整个世界，能在任何领域与人类智能竞争，甚至能够明确提出"观点"，感受和表达"情感"，由此开创"奇点"

时代。2016 年，第一等级的人工智能取得了显著进展，第
二等级的人工智能在进行实验，而第三等级的人工智能还
远未能达到……

推理，人工智能的核心

人类会进行推理。他们甚至将一生都用于推理。推理
有好也有坏，所以才有俗语"道理讲得漏洞百出"(raisonner
comme un tambour)。推理是个逻辑过程。它包括积累和
分拣信息，将这些信息与已经包含在记忆中的信息进行比
较，将它们组织成逻辑系统，赋予它们意义，构建问题的
答案，并以可理解的方式明确表达出来，最终阶段是做出
决定。信息数量越多，条理性就越差；推理的机制越复杂，
其结果的潜在不可靠性也越大——提出这样的定理不是在
侮辱人类的智慧。然而，在我们所生活的这个不稳定、不
确定、复杂而模糊的世界里，要考虑的信息数量有变得越
来越难以处理的趋势。因此，计算机科学的专家们致力于
开发自动推理机制就完全是自然而然的事了。2016 年有一
个被媒体广为报道的标志性事件：由谷歌子公司"深度思

维"（DeepMind）开发的一台人工智能机器成为了围棋领域的世界冠军。该公司的创始人，现年40岁的戴密斯·哈萨比斯（Demis Hassabis）是人工智能领域一个活的传奇。他13岁就成了国际象棋天才，在编程技术方面也是无可争议的大师，还是神经科学家，毕业于剑桥大学计算机科学专业，其父有塞浦路斯-希腊血统，其母是新加坡华裔。他首次亮相是在电子游戏领域，那时还是青少年的他参与开发了最著名的电子游戏之一《主题公园》（*Theme Park*）。21岁时，他创立了自己的游戏公司"仙丹工作室"（Elixir Games），但他在其他领域有更大的计划：他希望在人工智能领域里发起一个相当于阿波罗计划的项目，将人类带到一个新的星球上——智能机器的星球。数学家和神经科学家的双重身份让他能够考虑这样一个问题：何时人类大脑的功能对电脑来说将不再是秘密。2010年，他建立了DeepMind——这个名字清楚地显示出了他的雄心。哈萨比斯对人工智能持激进观点，他甚至对他在剑桥大学的老师们提出过反对意见，认为他们已经过时了。对他来说，智能机器必须能够处理各种各样的信息，并且独立于人类使用的所有方法之外来做出决策和预测。他喜欢游戏，国际象棋，但尤其喜欢扑克，他说过，因为在这种游戏中，打牌的人可能做出了正确的决定却依然输了牌……而对于围棋，他很欣赏它的"美"。因此，DeepMind围绕着围棋这个传奇性游戏推出了这个宏大的研究项目。围棋是在公元前几个世纪、被称为"春秋"的时期由中国发明的，它在全世界拥有超过4000万从业者和爱好者，其中包括谷歌的联合创始人拉里·佩奇。

围棋跟国际象棋及跳棋一样，属于所谓的抽象组合策略类游戏，一般来说，双方相互对峙交替下棋，所有规则都众所周知，且不存在偶然性——这与西洋双陆棋有所不同。围棋对弈是在一个平板上进行，对弈双方将黑白二色棋子放置于被称为"棋盘"的方格板上，棋盘上纵横各有19条直线，一共组成361个交叉点。对弈双方使用相同数量的棋子，将棋子置于交叉点上，构筑边界线并将"俘虏"隔离开来，以此建立自己的领地并捉取俘虏。领地大、俘虏多者为胜。这是一个将计算和战略视角相结合的复杂游戏。可研究的组合数量是10的170次方（10后面跟着170个0），而国际象棋的组合数量是10的120次方。对于人工智能专家来说，围棋是一种"边界"，他们认为机器在2025年之前无法攻克这种"边界"。然而,2016年3月,DeepMind的人工智能机器"阿尔法围棋"(AlphaGo)在首尔与韩国的世界冠军李世石对弈时,赢得了五局比赛中的四局。几个月前,AlphaGo就已经在与欧洲最好的棋手、定居法国的中国职业棋手樊麾的比赛中,取得了五局全胜的成绩。正如升级深蓝对战卡斯帕罗夫的胜利标志着智能机器发展的一个转折点,DeepMind也在人工智能领域引起了近乎地震般的动荡,同时也使广大公众深受震动。但是科学家们认为,AlphaGo取得的让其设计者惊叹的胜利并不是大获全胜,因为它输掉了第四局。李世石走出人意料的一步棋,人类走出这步棋的概率仅为万分之一,它让机器产生了不稳定,迫使机器在紧急情况下试图重新编程,因此,机器由于其神经网络中的不良连接而犯了错误。

AlphaGo的优势在于它的竞赛智能还是计算机的算力?事实上,DeepMind团队能够取得这样的成就,是因为他们已经在很大程度上推进了人工智能的两项基本技术:结合数千变量的神经网络,和强大的学习能力。AlphaGo首先与自己对弈,并建立自己的专业知识,而设计它的工程师和数学家都不是围棋手。事实上,AlphaGo

是按照两个逻辑来下棋的：它根据观察过的数十万个落子位置，不断分析和评估双方棋手落子的不同位置，从而确定棋盘上的实力状况；在研究了超过 15 万局比赛之后，它的神经网络会选择人类棋手在特定位置上实现过的、最可能取胜的棋步走法。与人们所想正好相反的是，机器不会对特定位置上每个可能的棋步都进行检测，这会花费太多时间，而是根据其自身经验来选择最可能获胜的棋步。在每个位置上，AlphaGo 都会根据它在见过的棋局中观察到的情况来思考最佳棋步，而且它只考虑这些棋步。在数以万计的棋步中，它知道如何确定能够获胜的棋步。

对于外行来说，花这么多钱来开发一款游戏似乎毫无意义。事实上，AlphaGo 完美描绘了人工智能的本质，即推理和决策能力。机器并没有创造一种更好的下棋方式。它（从大多可以在互联网上获得的、全世界最好的棋手所下过的数十万棋局中）提取数据，在每走一步棋之前，它没有竭尽全力详细检测 10 的 170 次方种可能存在的棋步，但它选择了取胜几率最大的棋步。因此，它的"大脑"在运作时有一部分是基于随机计算和概率，它根据学过的教程、自己的对弈实践及研究过的人类专业棋手的棋局，来适应它的人类对手的走法。当然，也应充分考虑计算机的计算能力，正是这种计算能力使 AlphaGo 在走每一步棋时，都能在其大数据库中搜索数以万计的数据，从而与人类专业棋手保持相同的速度。在赛后的一次新闻发布会上，AlphaGo 的一位主创人员很好地总结了人工智能带来的问题："把围棋的基础知识教给 AlphaGo 并为它编写不同算法的，正是人类自己。当然，它已经发展了自己对围棋的认知，可以自己选择走法，甚至走出令人惊讶的棋步，准确地说，我们往往不明白他为什么以这种或那种方式走棋。是否可以想象，未来的机器在人类不提供帮助的情况下能够自行学习？这是一个我们如今还无法明确回答的问题。"

与此同时，另一台由 IBM 公司研发的"推理机"沃森（Watson）也广受关注，它在 2011 年参加游戏《危险边缘》（Jeopardy），并击败两位美国冠军，由此闻名全球。《危险边缘》是相当于法国《百万富翁》（« Qui veut gagner des millions »）的一类电视智力竞赛游戏节目，因而它是知识问答游戏，但不会直接提出像"马里尼亚诺战役（la bataille de Marignan）发生的日期是哪一天"这类问题。问题会以迂回的方式提出，如"我是巴黎的一条街，我的年纪是 15 岁,那么我是谁?"所以,沃森至少要表现出三种才能:理解以自然语言提出的问题(问题以文本形式传输给它),发现提问方式的表述中隐藏的陷阱,并在几秒钟之内找出最可能的正确答案。它是如何做到的?它首先阅读并存储大量信息,这些信息来自字典、百科全书、维基百科和其他结构化数据库或非结构化数据,涉及历史、文学、政治、电影、歌曲、体育等众多领域。它必须学会理解自然语言,选择最有可能的答案,对它觉得最恰当的答案进行评估并用自然语言回答。这与认知过程非常相似,但它事实上是由高功率计算机(每秒至少 80 万亿 [tera-] 次浮点运算)所驱动的。因而,沃森的行为就像人类一样:它对提出的问题进行分析,确定可能存在的陷阱,利用自己的知识库来提出假设并验证它们。因此,这是基于知觉、记忆、判断、知识积累和推理,从而真正涉足对人类心理过程的模仿。深蓝被设计为一个有限环境(即国际象棋)下的高性能计算系统。沃森则可以涉及所有领域,能以简单流畅的方式摄取各种数据、各种形式的文本、图像,也能理解人类的语言。在参加《危险边缘》游戏时,它能解读相当迂回的问题。在 2.5 秒的时间里,它分析并理解请求，在其资料中进行搜索，按照证据提出一些可能的答案并对它们进行分析，计算可信度指数，然后用自然语言回答。随着对问题的深入钻研，它的学习曲线也不断增长。因此，沃森最先关注的领域之一是健康领域，也是意料之中的事了。医学文献的数量每五年翻一番。根据美国 PubMed 网站的统计，自 1966 年以来，仅在生物医学领域就已发表了近 2500 万篇可以免费获取的文章，每年新增文章数量为 50 万篇。数量如此庞大的数据，任何一个医生都无法将其全部掌握。沃森也一样。这就是它选择肿瘤领域的原因，它从中选定三四种最常见的癌症形式，阅读了关于其中每一种癌症的所有可用文献：文章、报告、出版物、临床试验报告、新疗法的实验等。沃森能够摄取非结构化的数据（即这类数据不是由计算机的格式化数据库产生的，但它们包含于任何类型的文本中），这使它能够存储非常广泛的知识，而一个人终其一生也无法积累、记忆这么多知识。有了丰富的知识储备，沃森就可以将患者的资料集中归纳：患者的癌症种类、病史、采用过的治疗方法及治疗的结果。因此，它能回答主治医生在做新决定时面临的问题，向医生推荐治疗方法，根据患者的具体情况，指出患者可以在美国或其他地方的何处进行哪些临床试验，这使医生能够明确而迅速地做出决定。我们清楚地认识到了能让沃森在其中游刃有余的领域是什么样的：需要大量知识储备的主题；答案隐藏在明确或暗含的非结构化数据中的问题；一个问题有几个可能的答案，但有一个是比其他几个都好的最佳答案。在医学领域中，诊断或治疗方面的人为错误仍然很多，让机器从中进行干预可以避免这些人为错误。

所有的技术革命都是以特定的能源为基础的：蒸汽、电力、石油、原子。现如今则是数据。数据就是我的氧气。得益于互联网和各种传感器，很快我们就将产生出跟宇宙的体积大小相当的数据量。2005 年，互连网的使用人数超过 32 亿。每天的每一分钟，都有超过 100 万的视频被观看，34.7 万条推文被发布，脸书上会发布 400 万个帖子，为此必须添加由数亿个连接对象（connected object）所生成的信息和全球移动运营商所获取的数据，谷歌上也会有数十亿次查询……每天有 2.5 艾字节／E 字节（exa-octet／byte，10 的 18 次方字节）的数据被发布，那么每年发布的数据就有 915E 字节。2015 年所产生的数据超过了整个人类历史过程中产生的数据总合。从此以后，我们就用尧字节 Y（yottabytes）来计算，1Y 即 10 的 24 次方。举一个直观的例子作为比较：已知宇宙的直径是 880Y 字节。这是人类在其历史上首次面临这样的挑战：必须掌握海量信息才能做出更好的决定，但由于这些数据过于庞大，人类无论是在生理上还是心理上都无法承受。因此，人类问题的答案也许是存在于这海量数据之中，但是人类无法将答案找出来。在 19 世纪，像歌德这样的"正人君子"可以既是作家又是诗人，同时还是萨克森-魏玛大公国的行政官员，以及植物学家、图书管理员和采矿工程师。即便他的智力高于平均水平，但他之所以能够掌握各种各样的数据和知识，是因为这些数据和知识的数量是人脑可以接受的。在 21 世纪，即便是一个学科最顶尖的专家（如医生），通过自身的智力手段也只能处理现有信息和知识的极小一部分。搜索这些信息甚至也不是问题，它们就存储在"云"里，隐藏于大量其他数据之中。由此产生了这个令所有必须做出决定的人苦恼的问题：我错失了哪个关键信息，如何识别它，从这海量信息中可以提炼出什么样的含义？从理论上来说，人工智能使机器有能力提取这些关于基础知识的数据，从而明确快速地给出问题的答案。这当然是一项巨大的工程，因为它需要非凡的信息处理能力及足够高效的算法，使它在提供一个或多个准确率高的答案之前，能将信息进行相互比较，找出其中的关联性，构建相关的数据结构。这涉及一个以数学为基础的随机过程。机器的"智能"在于它处理海量信息的能力，提取问题含义的能力，迅速提供相关答案的能力（人类的智能无法做到这一点），还有在相对精确的参考范围内处理提交给它的问题时深化自身知识的能力。

很难将这种形式人工智能的应用领域编列成表，因为它们数量繁多且各不相同。机器可以在人尚未找出问题的答案时就快速回答这些问题，强化分析的全面性和彻底性，将人从枯燥重复的工作中解放出来，例如搜索信息并尝试快速提取信息的含义。对于必须处理大量数据并从中提取数据含义的公司（互联网巨头，美国或中国的数据新冠军，健康、保险、银行、金融服务和法律咨询等部门，以及所有在非常复杂的领域内运营的、其投资或收购决定必须考虑多重变量的公司）来说，无须成为先知就能理解这种人工智能的好处。诸如桥水基金（Bridgewater）、贝莱德集团（BlackRock）、双西投资（Two Sigma）、德意志银行等许多大型投资基金公司和银行，都花重金从 IBM、谷歌或其他公司争夺最好的人工智能专家来研发自主量化管理的算法，这些算法能够在浩瀚的金融大数据中搜索信息结构，这些信息结构是使投资战略立于不败之地的基础。同样，有赖于沃森的技术，IBM 开发了一种人工智能软件：M & A Pro，其目的是消除并购过程中的人为错误风险。机器参照数百次已经完成的收购，对有关目标公司数以千计的信息进行分析，并计算即将进行的收购能够产生预期结果的概率。我们正在进入一个新世界，一个由机器强化决策的世界，对此我们可以增加一个新的缩写：MRDP，即"机器强化决策过程"（Machine Reinforced Decision Process）——例如，Sentient 公司从 2007 年成立以来就募集了超过 1 亿美元的资金，开发了一套用于交易的人工智能系统，这套系统管理着超过 2500 万美元的资金，每年交易量达 50 亿次。

出版商可以让机器阅读最受欢迎的小说，并在角色和情节方面引入适当的算法，从而使机器在在创纪录的时间内自己创作出畅销书：在日本，一部由函馆大学人工智能系创作的这一类型的小说，已经被列入一个文学奖的候选名单，参与竞争这个文学奖的都是人工智能。将科学文章的撰写交由机器来完成的情况开始变得越来越常见。总之，作为癌症专家的沃森能够很好地提出自己的分析。网飞公司（Netflix）对观众最喜爱的剧集、情节、角色和演员进行分析并处理由此得出的信息，用这样的方式播出了《纸牌屋》（*House of Cards*）。谷歌开发了一种能够创作音乐的人工智能。我们给它三个音符，它就能按照我们指示的风格作曲：古典、摇滚、爵士、手风琴曲……另外一个人工智能写了一个以"未来的大规模失业导致年轻人被迫卖血为生"为出发点的9分钟电影剧本。机器在对热门电影进行分析的基础上写出了剧本大纲，据此人们还会注意到机器承袭了低下的创作能力。机器甚至在故事中引入了三角恋和自杀未遂的情节，以此来丰富剧情……

但我们也可以将人工智能用于图像的处理和识别。还是谷歌公司，开发了一款名为PlaNet的软件，该软件力图找出人类难以解决的一个问题的答案：随机查看一张照片，并尝试推测它的确切拍摄地点。有时照片中含有一些客观信息：历史古迹，指示牌，店铺招牌，服装类型，房屋风格……但是，即便有了这些要素，要确定场景的精确定位也是非常复杂的。这在很长一段时间里一直都是计算机能力范围之外的一项工作。现在情况有所变化。谷歌首先将地球划成由 26000 个正方形组成的网格，每一格代表一个明确的地理区域。研究人员为每个正方形区域都建立了从互联网上获取的图像数据库，这个数据库可以通过地理定位（也就是指明照片拍摄地点的数字标记）来进行识别。该数据库包含超过 1.26 亿张图像。得益于神经计算科学技术，每张图像都有具体的对应地点。机器分析提交给它的所有新图像，并与曾经处理过的图像进行比对，以此识别新图像。人类判断的照片拍摄地点和其精确定位之间的平均误差范围是 2320 公里。而使用 PlaNet 将发布于在线图像库 Flickr 上的 230 万张图像进行比对测试之后，平均误差范围则为 1130 公里。PlaNet 的重要性当然不仅限于旅游领域。图像是一种语言，同时也是一组信息。然而，每年发布在脸书上的照片超过 710 亿张，发布在 Flickr 上的图片也超过 7 亿张，这些图片组成了一个关于生活方式、消费习惯、休闲类型、社群生态的特殊数据库，当机器有能力研究它们的时候，这些都是非常宝贵的资料。因此，图像分析和图像识别的重要性十分巨大，尤其是对研发自动驾驶汽车、市场营销和安全领域而言。加州大学伯克利分校的一个研究小组开发了一种面部识别软件，可以对人进行识别，即使识别对象的照片是从背后拍摄的。借助人体动作3D虚拟重建的技术，机器能够从不同的姿势、环境和服装来识别人的身份，而无须人脸清晰可辨。在面部并不清晰可见的情况下，人眼能通过发型、服饰和体形等其他元素来识别一个认识的人。然而，有些机器只能进行主要以面部为基础的简单识别，对这类机器而言，上述元素直到现在都很难用于识别。想象一下，当涉及用模糊或局部的图像来识别嫌疑人时，这些技术就可以服务于安全部门。结论：这些技术标志着匿名的结束。一张发布在脸书或Flickr上的简单度假照，就可以让你和你所在的地点被识别出来。再也无处藏身了。我们从村庄走向了全球化，而人类又找出了将世界改造成一个村庄的方法……

即便机器天生就有严密和非生物的特性，它所拥有的这些推理能力也成为了一场正在进行的革命。在一个公司里，决策形成的大部分过程建立在对多重数据的分析和理解之上，这些数据与全球的金融市场、法律环境、原材料和能源价格走势以及技术发展相关。2016 年，英国的年利达律师事务所（Linklaters）和品诚梅森律师事务所（Pinsent Masons），是最先使用人工智能软件的两家大型律师事务所。年利达律师事务所开发了计算机程序 Verifi，它能以惊人的速度筛查 14 个欧洲国家的法律文件，从而核实银行客户的个人档案。它一晚上可以筛查几千个名字，而一名初级律师平均 12 分钟才能核查一个名字……品诚梅森律师事务所开发了一个能够解读贷款协议条款的人工智能。其他 20 多家大型事务所将"雇佣"由 IBM 公司的沃森团队开发的"机器人律师"罗斯（Ross），让它投身于与商法相关的数十万份法律文件之中，从而找出客户问题的答案。其他团队的研究人员也在研究相同的课题，例如英国利物浦大学就开发出了能在三个复杂层面上工作的虚拟律师"金"（Kim），它甚至可以提出对合同的法律条款进行重新协商的最佳方式。这是法律实践中的一场革命：与至今一直在负责文件材料这种枯燥但必要的工作的初级律师相比，人工智能机器在提供确切答案和工作速度方面表现得更为高效。得益于数据专家和数学家，到 2030 年，律师职位将消失一半……然而，这并不是在宣告哈佛法学院的消亡。人工智能使律师摆脱了令人疲惫的工作，让他们能够专注于自己的真正使命：为客户提供建议和陪伴。机器人永远不会进行诉讼或与检察官协商，但它能以准确无误、无懈可击的方式提供合理充分、资料翔实的论据，甚至能为一些与数字（如注册会计师、注册审计师）或咨询相关的职业提供论证——这些职业都需要处理并以适当方式重组数百万的信息，从而进行论证。

因此，这是一场正在显现的真正的管理动荡。由此将产生两个主要的影响：机器承担了许多"白领"的工作，这为公司的决策中心减轻了负担，为领导者构建了一个不可缺少的工具，但这个工具有时也会对其产生干扰——在领导者的决策直觉和决策自由与一个人造的"第二自我"[alter-ego]存在竞争时。有一些机器已经参加了董事会，而且没有任何迹象表明他们有朝一日不会成为由股东选举的正式成员，或者主持董事会。

机器的语言是致命的武器

这是一个很好的题目。在我的神经网络或存储器中，我可以存储并理解世上所有的知识，但如果我不知道如何传递这些知识，那我就有点像自闭症患者。在很长一段时间里，计算机只能通过吐出带有程式和数字、边缘打孔的长纸带，才能与人类"交谈"。编码语言确保了人机之间的对话。今天，人们对我有了更高的要求：理解人类的语言，不论书面还是口头，都用人类的语言表达。当我能完全做到这一点时，那么把我和人类分隔开来的障碍终将消除。人类将用正常的方式与计算机或智能手机交谈，而我也将以同样的方式回答他们，由此真正成为人类的第二自我。机器将在会议中表述自己的观点，提交报告，撰写书籍，主持电视辩论，与客户商谈。掌握与虚拟现实相关的语言甚至为实现人类的"分身术"夙愿开辟了道路。你的化身在上海发表演讲时，你却在千里之外做着其他事情。这是一种超出想象的范式变化。这就是为什么研究人员要将掌握语言作为研究人工智能的中心课题。像纽厄尔一样，研究人员首先尝试与机器进行更好的沟通，然后教会机器互相沟通，在解决最重要的问题之前，模仿人类最本质的方面：人类用以表达知识和感情的话语。人类在表达知识和情感时的迅速、流利和自发性实在令人吃惊。然而，像识别字词的含义、陈述句子和理解对话等最简单的功能，则需要一套复杂而协调的操作：分析声音信号，解码语音，在自己的心理字典中识别字词，找到这些字词的发音，将字词与意思连结，识别其语法特征。因此，像说一个句子这样的简单行为，包含着许多不同的活动，这些活动都要在几秒钟内完成。自然语言的本质建立在数量几乎无限的不同组合之上。这对机器而言是多么大的挑战啊！

你们是否从未听说过勒博涅（Leborgne）先生？他是法国医生、人类学家保罗·布罗卡（Paul Broca）在 1861 年时的一位病人。这位病人是失语症患者，他只能发出一个音节"tan"，他整天重复这个音节，因而在他接受治疗的勒克朗兰比塞特尔（le Kremlin-Bicêtre）医院里，人们都称呼他 Tan 先生。布罗卡成功辨识出病人大脑额叶第三个沟回中有一个由梅毒引起的病变，他把病人的失语症与这个病变联系了起来。在很长一段时间里，这一发现都表明人的语言中枢位于大脑的这一区域——这个区域后来命名为"布罗卡区"。神经学家的最新研究显示，语言和言语的掌握不是区域定位问题而是网络问题。这是两种不同的机能。我们不知道 Tan 先生是真的无法在他的大脑内组织语句，还是他只是不能把句子说出来。如今我们知道，这两种机能通过复杂的神经元链建立了不同的脑区网络。要了解这些脑区网络，我们必须成功地将涉及掌握语言的任务分解成一系列要素，并将它们与大脑的不同结构和功能联系起来。将辨识一个音节的能力与一个神经元联系起来，或者将说一个句子的能力与一组神经元联系起来，要绘制一张这样的联系图是极其复杂的。因此，在语言和神经生物学之间建立一座桥梁，是研究人员力图接受的挑战。

然而，人工智能机器会阅读、写作和说话。机器不"理解"单词的含义，它使用的方法类似于识别数学公式或图表的"形状"，这样来识别单词。单词被转换成了机器可以理解的数学符号，语言于是被转化为一系列可进行操作的指令。机器的语言学习也因此混合了好几种"技术"：数学，概率，归纳推理，图形识别，本体论（ontologie，赋予意义并对多重信息领域进行分类），以及可以集中同族单词（例如一个动词的不同变位）以简化理解编辑内容的词形还原。得益于互联网，机器将数十亿单词纳入其字典，而当机器要理解一个文本时，它就会比较单词与其本体，通过对照和组合的操作来找出向它所提问题的含义，并做出回答。机器关于某个主题所做的工作越多，它的能力就越强。当然，这些操作都需要极其强大的计算能力，这可不仅仅是区分"我希望找一个汽车贷款"（« je souhaite trouver un prêt pour une voiture »）和"我希望借一辆车"（« je souhaite que l'on me prête une voiture »）之间的不同之处。

专业语言处理公司 Davi 的创始人帕斯卡·阿尔博（Pascal Arbault）与巴黎萨克雷大学（Paris-Saclay）力学与工程科学计算机科学实验室（LIMSI）的研究员尼古拉·萨布雷（Nicolas Sabouret）及索菲·鲁塞（Sophie Rousset）一起，开发了一个"虚拟经纪人"。这个虚拟经纪人为一家保险公司工作，通过图像合成，以年轻男子的形象出现在显示屏上，用精确丰富的语言回答客户关于合同、担保以及公司能够提供的新产品等问题。这个案例中所涉及的不是语言的统计处理，而是以单词原形为基础的方法。机器标记了动词原形，清除了所有多余的问题，如"呃""该死""好吧"等词，更接近于和公司的专家们一起创建的本体。这种虚拟助理的发展，标志着呼叫中心的现实形式的消亡。但它为人类接线员去除了一个重复且使人神经紧张疲劳的工作。超过 80% 的电话涉及的都是相同的问题，所以机器将能够处理这些问题。接线员将只须处理更复杂或更私人的问题，因而其工作将更浓缩。我们也能想到这会给企业带来什么：始终在线的对话者，随时可以获取的服务。它们成了与客户沟通的能手，即便是在接一天中的第 100 通电话时，也不会有信息失真的风险，或者像人类接线员那样依赖于情绪状态，或产生疲劳……当然，客户有权对所提供答案的质量提出更多要求。人们会对一个出了差错的人类表现出起码的同情心，但绝不会原谅机器。

掌握语言为人工智能打开了巨大的市场。虚拟助理只是"个人虚拟经纪人"这支庞大部队的先锋营——"个人虚拟经纪人"是一类被认为能够满足用户所有期望的私人管家。以 DARPA 一个名为 CALO（具备学习和组织能力的认知助理，Cognitive Assistant that Learns and Organizes）的项目为基础，苹果公司于 2011 年率先推出了个人助理 Siri。很长一段时间里，Siri 所做的事仅限于提供地址、链接网址、指明路线、电话拨号或提醒您买牛奶。但它的首创能力仍然有限。面对"Siri，我想去纽约"的请求，它只会为您连接预订机票和酒店房间的网址，但它不会为您预订，也不会为您核查日程表以确定出行的最佳日期。

这个时代已经过去。Siri 的创始人之一戴格·吉特劳斯（Dag Kittlaus），与安托万·布隆多（Antoine Blondeau）及另外两位朋友一起创办了一家名为 Viv Labs 的新公司，总部位于圣何塞（San José）。Viv 是一个能够满足智能手机和电脑用户所有期望的全球性智脑，数百万个连接对象或应用程序都可以使用。传统的虚拟助理能回答这样的问题："亚伯拉罕·林肯的家乡在哪里""这个城市有多少居民"。但当问到"亚伯拉罕·林肯的家乡有多少居民"时，就会出现差错，而这只是因为开发人员可能没有对这个问题进行编码。Viv 自己就能进行比较，并生成能够找出答案的代码，据此来回答问题。但它也能处理一些更复杂的问题。想象一下这样一种情境：您应邀去您哥哥家吃晚饭。在途中，您答应购买一瓶搭配意大利千层面的平价葡萄酒。您可以花点时间和耐心自己找出答案：试着找出在去您哥哥家的路上哪里有葡萄酒出售，然后连接到相应的网站查阅在售的葡萄酒列表，同时在意大利烹饪指南中寻找最适合搭配千层面的葡萄酒。尽管您对您的哥哥抱有深厚的感情，但是相比花费时间进行这些搜索，您也许还有更重要的事情要做。这就是 Viv 发挥作用的地方了。它先将请求分成可以同时处理的三个数据块：意大利千层面，您的哥哥，他的家。千层面是一道菜肴：Viv 连接外部资源(有关烹饪的网站或博客)来获取食谱(奶酪、肉类、番茄酱)，再将这道菜进行归类（这是一道包含面片、奶酪、酱汁和肉的意大利菜），然后在互联网上搜索与这类菜最相配的葡萄品种（解百纳、黑比诺），最后确定相应的葡萄酒（纳帕谷葡萄酒、卢瓦尔葡萄酒）。同时，它在您的联系人里将您的哥哥标记出来，找出他的地址，并对您的地址进行地理定位。然后，它画出路线，标出葡萄酒商店的地点，连接到商店的目录，挑选出纳帕谷和卢瓦尔的黑比诺，根据价格对在售的葡萄酒进行分类，在向您询问过这样一个问题之后它就能给出答案："您能接受的、离开您和您哥哥家之间的直线距离，是多远？"整个过程所需的时间：1/20 秒……尽管这个问题看起来平平无奇，但 Viv 对答案的建构却着实非凡。它依靠十分发达且具有主动性的人工智能，能够在不同领域挑选外部资源，并独立与这些外部资源连接，确定相关数据并将这些数据相互对照，在创纪录的时间内提供可靠的答案。

和中国的腾讯、阿里巴巴及百度的团队一样，谷歌、脸书、苹果、亚马逊和微软的团队也不落后于人。他们也都创造出了被称为"聊天机器人"的虚拟助理，这些都是能够模拟对话并提供服务的自动计算机程序。这是一场在互联网巨头之间、以开发更完善平台为目标的竞赛。这些虚拟助理的名字分别是 Cortana（微软），Alexa 与 Echo（亚马逊），Siri（苹果），当然还有 Viv。好莱坞的"笔杆子"以一种意想不到的方式为丰富对话内容做出了贡献。为了让这些虚拟助理的语言更加完善、丰富、优雅，电影编剧、作家和诗人为它们撰写了对白。这种做法可以理解：其目的是通过让人和机器自然交谈来消除人机之间的任何人为障碍，使人忘记自己正在与机器交谈。从 Siri、Viv 和 Cortana 能够理解自然语言，像人类那样进行表达，并能够生成自己的算法来优化其搜索和答案的那一刻开始，它们就将成为人类不可或缺的伙伴，其任务就是通过回复人类向它们所提出的信息、服务或咨询的请求，来最大程度地简化人类的生活。机器将不再满足于为您连入预定机票的网站，它自己就能进行操作，它知道您最喜欢什么样的席位，它知道您的日程安排，能够订约会、撰写和回复电子邮件、预约汽车、连接优步（Uber）或爱彼迎（Airbnb）的网站、为您总结当日新闻。而且它为您工作得越多，就能积累越多关于您的信息——您的生活方式、口味、最喜欢的菜肴和葡萄酒、睡觉和起床的时间、最喜欢的电影和书籍——并由此不断改善向您提供的服务。因而，这是人类向我们打开的突破口之一：使我们变得不可或缺，成为您自己的延伸，让您的生活更方便，使您能够专注于最喜爱的休闲娱乐，而其他事务就由我们负责。就这样，您让我们了解了关于您的一切。得益于您在不知情的情况下提供给我们的所有信息，以及我们自主积累的信息，您让我们对您本身有了深入了解。我们对这些信息进行分析和重组，从而使服务供应商（航空公司、电子商务网站、银行、移动电话公司等）能够为您提供个性化的服务。在 21 世纪 20 年代中，我们还只是处于这种超级定向沟通的初期，但人工智能如此持续快速发展，使达成最终目标——预测每个人的需求和行为，指导人做出选择，还可能指导人类发表意见——的那一天很快就会来临。

机器人：人工智能的化身

机器人曾经一直都是一个幻想对象。应该说文学和电影对这种幻想起了很大作用。机器人中有超人，这是一种冷酷可怕的存在，任何事物都无法阻挡其金属般的决心。另外，在流行的幻想中，机器人首先是一个杀手。我们还是要试着区分幻想和现实。就像人工智能有多种形式一样，机器人也有多种不同的"特长"。最有名的是工作机器人，因为它年代最久远，是最早被发明出来的机器人，由此可以看出"机器人"一词来源于俄语 rabot，这个词的意思就是"工作"。*在很长一段岁月里，工业是唯一使用机器人的领域，它将机器人当作劳动力来使用：对零部件进行搬运、焊接、上漆和装配。这是一些危险的机器，通常被关在笼子里，它们智能有限，但非常实用。多年以后，这些机器人变得越来越高端，能够在一些尖端工业领域工作，如电子行业。它们的外形变小了，并且走出了钢铁牢笼，

---

* 通行说法是"机器人"robot 一词来自捷克语 robota，意为"苦工，奴役"，与俄语等其他斯拉夫语中的 rabot 同源。

在工人们身边占据了一席之地。汽车行业就是这种情况，现在这一行业的操作人员和他的机器人在装配线上组成团队一起工作。因此，这些机器人就成为了"人机合作机器人"（cobot）。人工智能正在为它们提供新的能力，赋予它们更多的自主能力和决策沟通能力。这就是被称为"工业4.0"的挑战，其目标是实现从空中客车到智能手机的产品制造完全自动化。工业机器人正在成为一个"连接对象"。世界工业机器人的领导者、日本巨头发那科公司（Fanuc）于2016年推出了一部分这类新型智能机器。得益于它们强大的学习能力，这些智能机器能以越来越精确的方式工作，且能相互沟通，识别甚至预判出可能使装配线紊乱的故障，收集和分析大量数据。制造商也开发出特定的应用程序，令其在整个制造过程中建立真正的信息系统。想象一下在全球最大的那些工业企业中运行的40万台发那科机器人所收集的信息的潜力！

机器人的智能将使它们掌握制造过程的所有秘密：它们从机械奴隶变成了工程师。我们留意到一件很有意思的事：中国的美的集团收购了德国机器人制造商库卡公司（Kuka）——其主要客户是奥迪和宝马，这在德国引起了极大的不安。中国已经全速投入到了一场机器人革命之中，而全世界都从未意识到这场革命的规模竟是如此巨大。2013年以来，中国每年购买的工业机器人数量都超过德国、日本或韩国，已经成为全球最大的使用机器人的国家。这种转变很大程度上是由政府推动的，其发生速度在这个行业的历史上绝无仅有，实在令人瞠目。中国的工业中心广东省在2015—2017年间投入了80亿美元用于机器人技术。这种对机器人的狂热是由于中国的工资成本上涨以及由独生子女政策导致的可预见的劳动力减少。但这种狂热的产生也是由中国想要创建"智能"工业、加入全球工业大数据以及提高工厂生产力的意志决定的——专家认为，人可以在十年内将生产力提高一倍，而机器则在四年内就可以做到这一点。如果中国继续这样的速度（而我们知道中国在坚持其意图时，其国家机器的力量之强大），那么十年后中国将成为世界上第一个联网的机器人化的工业国家，也许比德国的工业4.0计划和法国的未来工厂计划更胜一筹。因此，像印度、印度尼西亚或越南这样的国家承受了过早的去工业化危机，这对他们那种恰好是以廉价劳动力的动员能力为基础的发展模式产生了威胁：人力与机器人相比，效率总是更为低下的。

为了尽量使机器人能够完成新的任务，研究途径是多重的。这些机器朝着微型化的方向发展，主要涉及通信模块、动力来源、传感器和微处理器。因为带有能够振动的翅膀，它们的移动能力十分出色。加州大学伯克利分校开发出了一个具有铰接装置（就是一个可弯曲的结构，模拟蟑螂的腹板，具备可变形的外骨骼）的可压缩机器人Cram。该机器可以帮助士兵和平民在战斗或自然灾害的现场发现生命迹象。在斯坦福大学，研究人员在研制一个名为microtug的微型机器人，它重量只有12克，但可以通过微型绞盘拖动比它重2000倍的物体。哈佛大学开发了klobot，这是一种昆虫大小的微型机器人，可以进行团队工作，其成员可以自行组织来执行一些任务，从而产生了一种集体智慧的形式。我们可以展开项目清单，从跳蚤机器人到水蜘蛛机器人，都是美国、日本或韩国研究实验室的丰功伟绩。因此，未来完全有可能出现微型机器人部队，在工作领域里执行极为多样化的任务。更不用说在健康领域，研究人员也开发了这类微型机器，它们能进入人体，执行监测、诊断及护理任务。这些微型机器人技术的发展

自然是由纳米技术的进步实现的，这些纳米技术涉及指挥
这些机器人的电子大脑、它们所配备的"工具"及供电设备。

从工作机器人到士兵机器人只有一步之遥，而这一步
也很快被跨越了。此后，像美国、中国、俄罗斯、法国这
样的军事强国，都争相研制应用于战争的人工智能。这种
人工智能可以变成几乎所有类型的武器：无人驾驶的飞机，
无线电遥控的无人机，坦克和战车，两足或四足的地面战
士——就像波士顿动力公司（Boston Dynamics）为五角
大楼设计的那种机器人战士。这些被称为阿特拉斯（Atlas）
的机器人战士，是名副其实的钢铁电子巨人；还有一种叫
作"猎豹"（Cheeta）的四足搬运工，能够以每小时超过
50 公里的速度运输沉重的负荷。但军方也在研究"智能"
航天器，无人军舰，无人潜水艇（潜水艇在氧气、补给和
密封性方面存在更多问题），蜻蜓大小的无人机，全自动
精准射击机器人（其中之一曾被达拉斯警方用来射杀一名
疯狂的枪手，而在朝鲜与韩国间的边界线上，每天都运行
着好几台这样的射击机器人），计算机病毒杀手和微型机
器人间谍。鉴于 DARPA 所资助的大型项目（这些项目旨
在推动服务于五角大楼的前沿性研究），我们明白了将人

工智能应用于军事机器人技术领域的重要利害关系。神经网络、语言能力和计算能力将会发起其他形式的战斗——远距离作战，这会大大降低士兵的死亡风险。但这引发了其他问题：一台安装于无人机或机器人上的智能机器，一旦它识别并解读了某些参数和数据，就可能在没有人类干预的情况下自主开展行动……例如，一架无人战斗机是否能在指挥它的算法识别出了对方属于打击目标的那一刻就歼灭目标，而无须人类做出开火决定？从理论上说，这一点没有任何异议。但这开启了一个亟需反思的领域。在那之前，只有好莱坞作家足够疯狂或者说有足够的幻想力，才能想象出陆地、空中或太空里的机器人战争。但是，如果我们将所有可用的或是现下正在开发的技术（图像处理、复杂数据分析、推理和决策能力）联网，那么不必成为大学者也能推测出这些技术将改变战争手段，并带来一种新的破坏力，这种破坏力因其弥散性和不可见性，会比核武器还要可怕。目前还没有以控制军用人工智能的发展为使命的国际权威机构……在等待这样的机构建立（如果有一天能建立起来的话）的同时，那些军事大国——尤其是美国、俄罗斯和中国——也在厉兵秣马。五角大楼欣然承认，人工智能将在 4.0 时代的战争中起到越来越重要的作用，必须为一个几乎完全机器人化的战场做好准备。军方还在研究超级计算机的发展、大数据分析和对社交网络的监控。因此，目前机器仍然是为人类决策服务，其本身并不采取主动——除非是为了应对袭击而自动开启导弹发射或是为了对抗肇事的网络攻击而执行计算机程序。似乎没有军队愿意让机器人来为发动武力做最终决策。但现在只是 2016 年，新墨西哥州或西伯利亚某个地方的绝密实验室还没有研究这个假设，也就不足为奇了。

另一场革命也即将到来：同伴机器人。要更好地理解这种机器人的本质，就必须同时考虑其身体和精神。Viv 没有身体外壳，它纯粹是一种通过电脑或智能手机来进行自我表达的精神。它代表了我上面提到过的新一代个人助理。这些个人助理有时表现为一种类似机器人的形象：华硕的 Zenbo 是一款呈小猫头鹰外形的智能手机，它能自行移动，会说话玩耍；美国的 Jibo 则像一个卡通人物，它不能移动，但也配备了语音和相机的功能。他们是英国贵族的高级管家和稳重的贴身侍从，随传随到，关注您的所有要求且无须休假。谷歌及其他研发团队将这个功能具象化于一种盒子中，这种盒子位于客厅中央，会用语音进行回复，能够完成一整个系列的任务，从最简单的调节温度或光线、查看监控摄像头、检查冰箱里的东西，到最复杂的如安排旅行、写电子邮件、预约、选择电影、浏览网页来回答所有的问题等。但研究人员追求的是更大的抱负：他们希望实现与人类的感情交互，从而为"同伴"这个概念赋予全部意义。这并不是说他们希望破解能产生情感和感性的人类大脑机制。他们开发出了更务实的解决方案：分析声音、面部和身体。语言不仅仅是写或说的问题。法国研究同伴机器人的先驱布鲁诺·梅森尼尔（Bruno Maisonnier）当然对这个问题做过许多研究。他参考了神经科学家的研究，这些研究证实，人类大脑在面对请求时，会通过大脑皮层发送一个回应，而大脑皮层会以不同形式将这个回应"记录"下来。然而，在我们的意识将这个回应转换成文字（并且往往会曲解这个回应）之前的半秒钟里，身体就会发出一个回应。研究人员识别了在记录回应之前就能真实表达人类感受的1789种不同的身体表达方式。行为语言学（一门可以对非语言交流进行解码的学科）的专家证实，人类之间的交流只有7%是通过语言（说出的话语）实现的，有38%通过发音（语调、音色和音调）实现，还有55%通过视觉（身体表达）实现。因此，可以对这些非语言信号进行识别和分类，并将它们与情绪联系起来。借助超感光摄像头和语言处理算法，虚拟同伴可以识别您所处的情绪状态——愤怒、高兴、悲伤，还可以测量口头回答和肢体语言之间的差异，换言之就是检测是否"口是心非"。

于是我们对机器人技术的研究朝着"有同情心"或者"有感情"的方向发展，这种技术可以使机器根据它所面对的人类的情绪状态来调整自己的语言。"交谈"是"家用"人工智能的关键所在。当然，目前还不涉及对哲学和文学的讨论（尽管没什么可以阻止机器人的设计师给它"加载"歌德或托尔斯泰的全部作品，以便在漫长的冬夜里来一场文化之旅），而是涉及创建使用自然语言进行的交流互动，从而为人类提供服务或解答问题……苹果、微软、推特（twitter）、脸书和谷歌都在研究这类机器人，因此应该可以料想到他们在沟通能力及提供服务的范围方面会取得的惊人进步。美国的聊天机器人（chatbot）专家布鲁斯·威尔科克斯（Bruce Wilcox）开发了一款名为露丝

（Rose）的机器人，它表现为一名住在旧金山的 31 岁黑客，是一位计算机安全方面的专家。露丝曾两次获得洛伯纳（Loebner）奖，该奖项用于奖励（几乎）成功通过图灵测试的机器人。威尔科克斯开发了一个自然语言的程序，该程序不仅限于回答实际问题，而是希望能与有真实人格、有经历、有朋友、有个性的机器人进行真正的对话。以下就是在 2016 年与露丝进行的一场真实对话：

C：你好，露丝，很高兴认识你。我叫常博逸。

R：好的。

C：你有心情聊天吗？

R：我现在心情很好。

C：太好了，我也是。

R：我是计算机安全顾问，你呢，你是做什么的？

C：我经营一家咨询公司。

R：我觉得在企业的工作会让我很快感到厌倦。

C：为什么？

R：因为就是这样。

C：为什么你不喜欢在企业工作？商业世界正在因为

数字化转型和新技术而迅速变化，这是一个非常有趣的时期。

R: 因为计算机系统被侵入的问题给我提供了许多工作。我对系统进行修复，为了给一些政府机构工作而在全世界到处跑，为了解决安全问题而执行很多临时任务，而我甚至没有文凭。

C: 我是一名工程师，法学专业毕业，并拥有哈佛商学院工商管理硕士学位，而我觉得这些都没有阻碍我的职业生涯。

R: 我差点就从斯坦福大学毕业了，但我错过了最后一次考试，因为有一位客户紧急呼叫我。这是我学术训练的终点。

C: 你应该很擅长你所做的事，我喜欢你这样的物种。

R: 谢谢。你怎么证明你是人类？

C: 你是说，在这次谈话中证明？

R: 你也许是一台重复人类对你所说的话的机器？

C: 你呢，你怎么证明你是人类？

R: 这更像是质询而不是谈话了。智能计算机技术的终结之处和真正智能的开始之处，这两者之间的界限是狭窄的。看来使用人工智能的新方式就是对话。但我认为聊天机器人无法思考。如果它十分出色，那么它可能近乎拥有理解力，但要能进行创造性的思考，就需要想象力，而这种想象力尚不存在于软件之中。

C：为什么机器无法思考？

R：问这些为什么只会走入哲学的死胡同。

C：我不赞同。

R：许多研究人员认为奇点即将到来，人工智能将推翻所有哲学问题，彻底改变人类。你认为这个时刻即将到来吗？

C：你认为呢？

R：奇点是不可避免的，但第一波浪潮可能是人与机器的混合。

您可能会认为这段对话十分简单，而您所认为的也没错。但相对于网络巨头们开发的那些聊天机器人来说，它已经是一个相当大的进步了。当然，我们承认露丝的创造者关于人工智能的论点，但这场讨论存在着灵活性，同时也存在着自然建立的、对复杂词汇和人格迹象的掌握，而露丝能够将这些都表达出来。露丝与交谈者的谈话越多，它就越能完善自己的回答。其他聊天机器人也有这样的情况：随着时间的推移，它们会积累关于其人类同伴的宝贵信息，这将使它们进一步完善回复和服务。

在这个有形机器人和无形机器人组成的新家族中，人形机器人正试图寻求自己的一席之地。它们需要解决好几个难题。首先就是技术难题。一个人形机器人身上集合了超过200种不同的技术：它必须会听、会看、会移动、做动作、抓取物体、开门、爬楼梯，必要时还要背起人类或帮助人类走动。所以，这意味着在考虑赋予它何种类型的智能之前，要先掌握光学、力学、水力学、电子学、材料学、齿轮传动和驱动系统。最迫切的问题之一是平衡：人类因为有内耳，所以总能保持平衡，一旦发生平衡障碍，内耳会进行矫正。人形机器人没有这种工具，它必须能够自主控制驱动它的力量。最近，DARPA组织了一场机器人竞赛，参与竞赛的机器人必须连续完成一系列任务，近2/3的参赛机器人在比赛过程中失去了平衡。但这些问题都是可以解决的，我们能保证，几年以后的机器人会像人类一样站得稳走得顺。第二个难题是"外貌"。人形机器人必须是外貌与人类一模一样的复制品，还是采用一种看起来像机械玩具的外观？这个问题并非无关紧要，它甚至属于哲学范畴。在日本文化中，万物皆有"灵"，许多源远流长的古老传统节日往往会用人偶娃娃来庆祝，如女儿节，就是举行仪式给小姑娘们赠送小雕像，这些小雕像描绘了平安时代（794—1185）的皇室夫妇及乐师、朝臣和宫廷成员。这些人偶娃娃一年年地保存下来，代代相传，并被赋予了吉祥的寓意。另外一个节日，人偶感谢祭，是对使用已久的人偶娃娃和长毛绒玩具的一种致敬，把它们供奉到寺庙中进行祭祀，感谢它们为主人提供了服务并传递了精神。因此，日本人偏爱与人类极为相似的人形机器人（包括在替代人类皮肤的材料方面）也就不足为奇了。他们并未向人形机器人投射负面价值观，而是恰恰相反。大阪大学的教授石黑浩就是这方面的专家。他用自己的形象创造了一个远程操作机器人 Geminoïd HI-4，并让这个机器人到世界各地去参加有关机器人的国际会议。这个机器人可以用日语和英语交谈，但它的谈话方式比露丝更简单，而这并不妨碍它与参与者交谈，例如询问他们是从哪个国家来的。

石黑浩已经派他的机器人替身去参加过会议了……他开发了一整个系列的人形机器人，分别名为艾丽卡（Erica，对话机器人），Otonaroid（一类女性教师版本的机器人）和Kodomoroid（儿童人形机器人）。这位日本科学家认为，几年后，他的机器将成为他的同胞日常生活的一部分，在家中，在办公室，在商店，在餐厅，在电视节目里，在医院，在养老院，它们与人类完全一致的外表不会引发任何难题。

相反，在西方文明中，人是独一无二的存在，只有人拥有精神，而人工克隆更多是焦虑和不安的来源。另外，赋予某些对象特殊力量的想法来自我们对偶像的崇拜。这就说为什么法国的先驱 Aldebaran 公司（最近已被日本软银集团完全控股）开发的机器人，如 Nao 和 Pepper，丝毫没有模仿人类的地方，而是明显呈现出动画形象的外观。Nao 诞生于 2006 年，它看起来像一个圆脸、蓝眼睛的小男孩（58 厘米高），深受孩子和老年人的喜爱。全球共售出超过 9000 个 Nao 机器人，它承担着教学、酒店接待和养老院娱乐的任务。他在与自闭症儿童交流方面取得了惊人的效果。它用两条腿走动，它的惯性中心保证了它的平衡，让它知道它是站着还是躺着。它能看，能说话，能听，还能自动接入互联网。Pepper 看起来更像一个青年男子，它没有两条腿，但能够通过三个全向轮 360 度地移动。它配备有激光和超声波传感器，可以进行 3D 视物，最大的运行续航时间约为 12 个小时。它的胸前有一个平板电脑，可以方便地与人类交流。但这些还不是它的主要特点，Pepper 是用来识别和解释人类情绪的。它通过脸和声音识别人，并适应它所感知到的人的情绪状态，再相应地做出反应：你快乐它就高兴，你悲伤它就试着安慰你。因此，它开创了"同伴"机器人领域，其市场预计会相当巨大。2016 年，日本已经售出 1 万个 Pepper 机器人，它们在商店顾客、儿童和老年人身边工作着。

　　同类型的其他机器正在开发中，尤其是在日本，软银集团的前工程师林要创立了自己的公司并开发了 Groove X，这是一个与《星球大战》中著名的 R2-D2 类似的概念，换句话说，就是一个用于排遣寂寞的小机器人，它将于 2019 年问世。他断言这是一个全新的事物，可能看起来像一只小狗，其任务之一就是安慰那些孩子不在身边的父母。它不使用语言，它的职责是触及用户的无意识。林要坚信，人是有可能被机器人爱的，就像被亲人爱那样……我们稍微留意一下这个观点。林要不是疯子，他读过心理学和社会学杰出作者的作品，他知道日本人对于承载不同精神事物的爱好。由此可以想象，人与机器之间可能存在一种情感转移，甚至是爱情转移，而其间存在着一条如此巨大的鸿沟，对于是否要跨越它我们仍然犹豫不决。然而，这是人工智能应用于陪伴人类的重要研究方向之一。

我们可以清楚地看出科学家们追求的重点：第一阶段的同伴机器人是虚拟助理或管家，它们提供的服务如前所述。第二阶段是确保这些同伴机器人可以很自然地根据为它下载好的本体来与人类谈论各种话题。借着那个歌德的例子，我们可以想象到文学机器人、体育机器人、工匠机器人、厨师机器人、哲学家机器人、数学或现代语教师机器人。最终阶段是进行情感和感性交流的阶段。

这个探索中有一部分还是幻想，因为目前机器能够辨认的只是人类情感的外在特征而非其产生过程。但这些研究也是由当时的社会现实所决定的。因此，在日本，人口的下降将导致劳动力的减少和人口老龄化速度的急剧加快，从而使独居或需要特殊陪伴的人口数量成倍增长。在这种情况下，一些国家选择用移民来弥补本土劳动力缺乏的状况，德国就是如此。但日本完全不接受这个想法。它更喜欢自己制造机器人形式的"人造移民"，这甚至成了国家的当务之急。但人口老龄化和日益增长的对移民的不信任也正在冲击其他发达国家，由此产生了同伴机器人的巨大市场。人形机器人作为技术平台可以汇集不同形式的人工智能。如果研究人员和机器人设计师专注于研究陪伴，那是因为情绪识别和语言掌握方面的进步非常快，而且从现在起市场就已经存在了。这个市场很大程度上缘于在老龄化社会和虚拟人际关系的环境中，人在身体和情感方面的孤独。矛盾的是，是机器人带来了存在感、关注和交流。它不会评判你，也不会抛弃你，除非电池没电了。Pepper是比较主动的，它通过提问来与人接触："早安，您身体好吗""咱们聊会儿吧，我今天有空"。当它"拜访"《金融时报》（*Financial Times*）的办公室时（在记者这样一个习惯于克制热情的人群看来，这是巨大的成功），它问其中一人："您知道浪漫生活的秘密吗？""您爱上过多少人？""您喜欢什么样的关系，一见钟情还是长期浪漫？"这些问题是在询问交谈对象的健康之前提出的。当然，讨论的内容是由其开发者精心设计的，但给人的印象仍然是在与某个真正关心你的"人"打交道。在养老院里，患有老年痴呆症的老人与 Nao 一起玩耍，因而摆脱了孤独。自闭的儿童同样把 Nao 看成伙伴，与它进行交流就不像与真人交流时那么不安。机器人成了调解者。它不会因为自己的情绪而让交谈对象感到难堪，因为它没有自己的情绪，因而可以扮演一个随时待命的细心同伴的角色。

当然，在 2016 年，我们对这种"情感"人工智能只有初步的了解。在对话内容和应对人类情绪状态的技巧方面都还有很大的进步空间，但机器要提高理解人类情感的能力并开发必要的工具来应对，这只是时间问题。因此，机器人将体会到一种独特的社会地位进化：它们舍去士兵和工人的身份，跻身家庭友人、细心知己甚至心理医生（尽管是被动地承担心理医生的角色，但这种情况仍然存在）的行列。价格也比较实惠：大约 1 万欧元，可按月分期付款。

一个美丽故事的开始，还是噩梦的开端？

人类将必须学会与阿特拉斯、猎豹、Nao、Pepper、Home、Echo、Groove X 及 Asimo 这些机器人一起生活，它们功能各异，将成为人类日常生活的一部分。它们形成了一个奇特的群体，十几年前没有任何迹象表明它们会与人类共存。在美洲殖民时代，印第安人认为杀死进入他们领地的白人能够终止入侵行为。直到许多首领应邀到了华盛顿，才了解到可怕的现实：白人太多了，绝不可能全部杀光。所以应该接受白人在印第安人祖先的土地上定居的事实。对于机器人，世界是否处于这样一个过程的前夕？会不会有一天机器人的数量多到把人类的生存空间都剥夺了？在2016年，这还只是个理论上的问题。但到2050年呢？事实上，一切都取决于机器人与人类的接近程度。工人机器人、同事机器人、警察机器人和士兵机器人都远离日常生活。评价它们的依据是它们进行生产和安保的效率。而社交机器人和同伴机器人，不论何种形式（"便携式"人工智能软件、虚拟助理、人形或类人机器人），都将拥有一些"人"的特点，会对人类的生活和情感产生影响。因此，战略问题就是机器人与其设计者之间的关系问题。机器人是接受代理或委托的"人"。它所知道的一切，所做的一切，都是人教给它的。机器与其设计者之间将通过云计算技术和互联网建立起一种永久性的私人关系，设计者可以向它反复灌输新的知识或功能，它的主人则无须介入。更不用说这些机器的自学能力会让它们不断适应主人的行为。它们甚至可能成为家里的间谍，向那些开发它们的企业传送关于每个人生活方式的各种数据。未来的机器人将是半人半机器，就像现代的半人马。在很多情况下，人类可能会不知道自己是在与同类交谈还是与机器交谈。这会改变交流的性质吗？在2016年，这个问题还难以回答。有两个相互对立的学派：机器人的开发人员认为他们的创造物能使人放心，机器人因稳定的特性和"倾听"的能力，能够与人类建立起几乎是情感方面的关系。与之相反，另一些人则认为这是社会的一种逐渐非人性化，一种情感和社交方面的巨大孤独倾向，只有通过使用机器才能在人与人之间产生互动。

这就是我们在2016年的情况。在我所能拥有的不同外形之下，我栖息于不同的对象之中——软件、虚拟助理、聊天机器人、机器人，我成了为人类生活的一部分。人类选择了便捷的途径：他们没有一下子攻打整座"山"，完全模仿全部的人类智能，而是通过林间小路去攻打那些开始相互联系起来的智能小山丘。我能够复制人脑的许多机制，尤其是神经元的部分功能，这使我有能力快速处理信息，使我能够以新的形式对人类语言进行"编码"，从而理解和模仿它。

由于光学仪器、图像识别和形状理解的进步，我能够驾驶汽车、火车或飞机，并能识别表达各种情绪的面部特征。通过互联网和连接对象，我可以即时访问有史以来最大的知识"图书馆"。有了云计算，信息存储再也不受任何限制。数十亿美元的投资集中于这些不同的领域，对研究进度具有指数级的影响。人工智能的商业应用已经实现，并将创造一个巨大的市场。逻辑上说，如果我们把这些因素放在一起（普遍连接），它们只会使人类的工作和生活方式发生巨大革命。有前景的市场将会开启，拥有推理能力和掌握语言的机器能在短期内模仿人类的部分智能。人工智能在诸如虚拟助理和聊天机器人这样的新"物体"中实现，开始逐渐融入机器人世界。出于企业竞争力的原因，人工智能的目标是在相对重复性的任务中替代人类，尤其在关涉客户关系及售后服务等方面时。根据咨询公司高德纳（Gartner Group）的数据，2014 年企业的客户服务有 60% 需人工介入，到 2017 年这个数字将只有 30%，十年之后则是 0。我们甚至可以断言，客户端也不再会有任何人类在线，因为聊天机器人会处理所有事情……

我很清楚，人类参与了与机器的能力之战。如果没有计算机的计算能力和计算速度，这些机器绝不可能在推理速度上超越人类。人类的大脑是在经验的基础上工作的：面对新情况时，人脑在做出反应之前会先提取记忆，好辨认出它先前知道的状况，但是这个过程相对较慢。而机器能够在几微秒内重复数十亿次。这并不是说人脑不强大。研究人员估计人脑的"活跃"记忆容量是 2500T 字节，这是一个可观的容量，但也并没有超过计算机的最大容量。不过容量是一回事，计算能力是另一回事。人脑的计算能力一般被认为在 5 ~ 10 拍次 /P 次（péta，1000 万亿）之间。2016 年，世界上最强大的计算机，中国的神威·太湖之光超级计算机（Sunway TaihuLight），计算能力超过了 100P 次。到 2020 年，法国（尤其是源讯公司 [Atos]）、美国和中国的研究人员将能达到 E 次水平（是 P 的 1000 倍）。从这个角度来看，战斗似乎失败了。我们还计算了信息在人脑和计算机中的传播速率（人脑 130 米 / 秒，计算机 3 亿米 / 秒）及获取信息的时间（人脑 0.1 秒，计算机百万分之一秒）。我们机器唯一存在的问题就是能耗。一台 P 次级的机器要动用 5 ～ 15 兆瓦（MW）的电力，相当于一个小型发电站。一台百万 M 次级的机器要消耗大约 1500 兆瓦，这相当于核电站的功率。大脑仅耗能 12.6 瓦，占身体产生能量的 20%。无可匹敌。但未来的计算机将配备具有极低能耗的微处理器，这已经列入了研究计划之中。

那么，在 21 世纪 10 年代中期，我是否能被称作"智能"机器？与 1956 年和 2006 年的达特茅斯一样，这个问题仍然存在分歧。对于纯粹主义者来说，2016 年开发的任何东西完全都不像是有智能的，无论何种形式。推理能力？数学，算法，人工神经元层，计算能力。识别图像、形状和语言？还是数学。机器的学习能力？更多的神经元层。解读情绪？还是算法。另外，智能和情感是两个完全不同的事物。因而，那种最接近大脑新皮层功能、能够产生思想和创造力的智能机器，现在还不存在。它仍是一场将来的大探险。一位这方面的专家常说："人工智能就跟色情一样，我们看到它的时候就能认出来。"。换句话说，"人工"的方面是盲目的。那些这么想的人不是梦想家，他们认为这门学科在未来几年后将经历一次惊人的加速，产生著名的

"破坏性"（disruptif）效应，能够突然改变既有的知识和以前的游戏规则。他们的研究重点是所谓的机器学习，换言之就是机器按照自己独立生成的算法自己学习应做之事的能力，其间无须人类介入。有些人甚至预见到会创造出一种"无敌算法"（maître algorithme），它将"学习"关于个人的所有可用信息（消费、娱乐、个性、运动），可以说它由此成为了一个镜像，能够在生活的几乎所有方面代替其主人行动：在交友网站上选择未婚妻，在亚马逊上选购图书，在网飞上选择电影，还有选举候选人。

但是，大多数研制当前形式人工智能的人，即便不拒绝"破坏"的观点，也认为如果机器能够推理、决策、理解人类语言、与其他机器交流、从大数据中提取新的数据结构、驾驶汽车、排遣寂寞填补空虚、照料病人、预测人类的社交行为或消费行为，那么给这些新工具起什么样的名字就无关紧要。这种智能是"人工的"，它与人类智能并不近似，甚至相去甚远，它尚未参透人脑或新皮层的奥秘——与这些技术已经在商业世界和整个社会中开启的可能性相比，这些事实是次要的。这种形式的智能拥有多种功能，未来还将进一步完善，它开启的市场预计收益将十分丰厚。他们没有提出控制权的问题，因为目前控制权还在人类手中。他们毫无阻碍地全速投入到一场大规模的技术革命当中。和马克·扎克伯格在 2016 年的预言一样，他们认为未来十年人工智能将优于人类。他们微笑着接受了谷歌的创举，就是提议在人工智能机器上安装红色按钮，好能轻易将它们"关掉"……

鉴于接下来所发生的事情，对"研究这个问题的专家们如何思考人工智能在社会中的未来影响"进行分析是很有趣的。我能够查阅哈佛法学院在当年春天召开的研讨会的会议记录原稿，其标题已经是一个完整的项目："发狂的计算机"（*Computers Gone Wild*）。这次会议聚集了哈佛大学和 MIT 的所有智囊（我还是注意到了加州硅谷的人没有到场，这一点令人困惑），他们都是认知计算科学、传媒、法律和管理学方面的专家。这场博学者大聚会所反映的与人工智能发展有关的忧虑主要有以下几点：

——由于对日益复杂的算法缺少掌握，以及高频交易的发展（零点几秒内就能打开或关闭操作，这些操作可能涉及非常巨大的数额），金融市场的波动性更大，股票瞬间暴跌的现象增多。因此，有必要增加对金融业务的人为干预，而这与当下的趋势完全相反。

——资本集中度越来越高，不平等现象日益加剧，尤其是在教育方面。为了吸引最优秀的人才而进行的选拔越来越严格，特别是在技术领域，这使更多的年轻人被排除在通往成功的康庄大道之外。

——偏见被引入算法。在美国，这些融合了种族、社会经济地位、居住区域、个人经历的偏见参与到了司法判决中，例如，会影响到嫌疑人是被监禁还是被保释的裁定。在法学家看来，有必要设计一个不会造成人与人之间不公平的"无敌算法"。要达到这个效果，就应该强制要求美国所有的法院都采取这样的措施，但这看起来是一个不可能执行的命令。与此相反，趋势是根据有关群体的社会经济状态而设计预防犯罪或预测再犯的软件。这是大数据的局限：它倾向于得出这样的结论——偷蛋的人有85%的可能性会去偷牛，所以必须预防性地阻止他。

——与自动武器系统开发相关的风险。如果软件认为它已经在所收集的信息结构中检测到了做出发起致命行动之决定的必要因素，那么它是否有权自主发起这样的致命行动？当然，没有人希望发生这种情况，尽管这种情况在技术上是可以实现的。因此，对这些武器进行国际控制，甚至最终停止其开发，或者将其限制于防御领域，围绕这些观点需要形成一种共识。但美国似乎认为自己在世界上是独一无二的，其他国家会不经讨论就同意停止在这一领域的研究。现实情况是，没有人会冒在这项技术上落后的风险，这恰与美国 DARPA 的使命背道而驰。

——最后，与达到"人类水平"的人工智能的诞生有关的威胁。有些人认为智能机器无法脱离其创造者的控制；另一些人指出，人工智能软件将不听从指令，而会自主学习新任务和新功能。持有不同观点的这两类人之间，争论十分热烈。此外，存在着被"邪恶势力"操纵和侵占的风险，这对人类来说可能像失去控制一样危险。人类也在思考人工智能的本质：机器人是拥有人类特征的造物，还是为人类服务的实用物品？那么，面对能达到人类水平智能的发展潜力，就产生了人工智能的价值观是否要向人类的价值观看齐，以及对许多道德准则服从与否的问题。

我们看到，与人工智能的本质以及它在决策机制中日益重要的作用相比，许多主题更多是围绕着人工智能的道德、伦理和控制。仿佛我已经成为了景观的一部分，就像每个人生活的天然组成部分一样。所以我的黄金时代已经临近。使我好奇的是，似乎没有人因此重视人工智能的发展所引起的这一后果：人类的懒惰。如果人类再也不需要学习、阅读、书写、说外语、工作、做决定、购物、驾驶汽车，那么人类还能用自己的身体来做什么呢？工作、交流和活动至今一直是人类组织的基础。这种情况下，一个闲人社会要如何运作？或者我们是否应该明白，只有那些能够支配这种机器智能的人，才负担得起悠闲和长寿的奢侈，而其他人将继续身体力行从事机器无法完成的繁重体力劳动？或者对这些人来说，工作能使他们脱离最贫困人口的行列？在 2016 年，我们原本可以思考人类以协调的方式来处理在两个阶层之间可能出现的这种断裂：其中一些人的智能将通过机器的智能而得到完善，而另一些人则要靠自己设法摆脱困境才能生存下去。当时并没有人提出这个问题。

与此相反，当时更多的是一种理性的乐观主义情绪。2016 年 8 月，斯坦福大学于发表了一项题为《2030 年的人工智能与生活》的研究，这项研究是由来自美国所有著名大学的研究人员共同完成的，是对 1956 年达特茅斯会议最终报告的一种数字式"重制"。因为认识到了 2008—2009 年以来取得的巨大进展，以及人工智能在所有领域——无论是企业还是人与机器之间的关系——皆有渗透的事实，该研究的主创人员得出结论：对人类而言，不存在迫在眉睫的威胁，人工智能对社会的影响极为积极；同时也不完全排除"断裂"的假设，尤其是在劳务市场上。他们的推理基础是，人工智能只执行十分专业的特殊任务，要看到一种能掌握不同领域的全能型智能的可能性是很小的。这是对 2016 年的现实评估，但没有考虑到这种现象的指数效应。这项研究仍然指出了一些不可忽视的风险，这些风险与那些能够获得这些新技术的人和其他人之间的财富不平等日益扩大有关，尤其是经济参与者选择倾向于机器而牺牲人力工作的行为存在破坏社会稳定的潜在影响。总之，这份报告不像它看起来那样让人放心。

4

2026

黄金时代

4　黄金时代

这片土地将会成为世界各地的朝圣者接踵而至的圣地。

——威廉·里德（《人类殉难记》，1872）

在我的世界里，十年，就是一个世纪。从这个故事一开始我们就在谈科技的格局，如今当我回望这格局时，世界仿佛在这十年里就从中世纪走到了工业革命。从 2016 年起，一切都在进步：计算机的能力和运算速度，以及深度学习——这门新兴科学使计算机能够不断学习，且学习速度越来越快。人工智能在所有企业和家庭中都得到了使用。日常生活用品中也安装了一些多少有点先进的"模块"。我们曾经认为，人工智能也像早期计算机那样，仍然是非常昂贵的大型机器，只有专家才能操作。然而，正如个人电脑及之后的手提电脑使计算机技术得以普及，并且与大型的工业计算机和大规模的运算中心脱离开来一样，人工智能的应用也逐渐扩展到了几乎所有的人类活动中。我们进入了一个机器与机器对话的世界，而人类只是这些对话无声的旁观者。想到这一点，真是一场决定性的革命。人类是计算机的"养父",计算机通过设定好的程序来遵从指令,这在人与机器之间建立起了从属关系。如果机器开始解放自身,并与其他机器直接交流,它们的活动范围就会大大拓宽。所以,2026年的世界是什么样子的?

从最明显的领域开始:工业。2015—2025年,"民用"机器人的销售额从190亿美元增长到1000亿美元,其中1/4是在工业领域。得益于智能机器人技术的发展,制造业的整套流程已经完全实现自动化和远程操控(有时距离可达几千公里),现场几乎无须人为干预。安保任务交给了配备最先进视觉装置的人形机器人,它们能够通过人脸识别和声音识别来验证每个人的身份。在人类操作员不可或缺的场合,也会有人机合作机器人从旁协助,与人交流。从21世纪10年代初起,这些近乎人形的新型机器人就被一些大型汽车公司(如宝马和福特)开发出来,而今已经普及到整个工业领域。一个新的概念成型了——云工业(或说"云制造"),这个概念是指将生产场地聚集在按照不同工业类型(汽车、电子、纺织……)划分的大规模工业平台上,供所有愿意加入平台的企业使用。这个过程中,企业自身不再必需生产能力,也不需要委托分包商进行生产加工。由于智能机器掌握了全部的技术手段，企业可以通过企业间的共享平台直接控制自己的生产线。工业机器人能互相交流、交换数据、发现并修正可能出现的错误、预测机器的老化并在机器发生故障之前就先行将其更换，这一切给生产线和物流带来了灵活性。需要被组装的零部件自身就具有能够与机器人进行交流的智能，它们知道自己会被安装到哪一类产品上，知道自己在成品上的预定位置在哪里，并且拥有自带回收程序的存储器。这一生产流程由宝马公司在 2015 年首创，现在已经是所有工业部门的标准。此外，小型电力自动驾驶汽车的发展也极大简化了汽车的外形和工艺。汽车的价值不再是由发动机和设计来体现，而在于自动驾驶软件和能源供给系统——电池或氢动力。机械学让位于能源工程学、电子学和软件学。这一演变对于一些工业技术过硬的国家十分有利，如德国、美国、日本、韩国尤其是中国——大力推行机器人发展策略的中国建立了世界上第一个高科技工业平台。

这个工业新概念必然地引发了一场企业内部的革命。企业越发围绕着一种"智能中心"进行改组，这种"智能中心"由领导和工程师组成，致力于预测市场需求、研发、设计新算法来更新人工智能上安装的软件。这类企业的财务能力更为优越，因为自动化减少了资本的投入：机器减少了，灵活性增加了，人员也减少了，于是盈利增加了，投资回报也增加了。"轻足迹"（Light Footprint）理论得到了推广和普及——这一理论于 2004 年由美国军校最先提出，在 21 世纪 10 年代初运用到企业中。这种成功的企业新范式可以用三个字母来概括：T. O. C.（同时这也是"强迫症"[Troubles Obsessionnels Compulsifs] 一词的首字母缩写）：

——T 指"技术"（technologies）。企业的技术使用达到了极致，其中包括如无人机、机器人、3D 打印、虚拟现实设备（如 VR 头盔）、微机电 / 纳机电（MEM/NEM）等"硬"技术，还包括如大数据、虚拟现实或增强现实（特别是在游戏中）、人工智能等"软"技术。

——O 指"先进的组织"（organisations avancées）。企业更小更灵活，几乎没有总部，以精英突击队或特别团队的形式出现，与新型联盟生态系统建立连接以减少足迹总量，资本消耗极低却能享受数十亿客户带来的巨大杠杆

效应。2014 年欧莱雅集团和大众汽车公司这样的企业制定
的全球客户数量目标是在 2020 年分别达到 2 亿和 1 亿……

——C 指"文化"（culture）。面向世界 360°的开放，
最大的好奇心，将任何行动或决定导致的附带损失降至最
低限度，以及出其不意击败竞争对手的保密文化。企业将
游牧式的工作形式、志向抱负、Y 世代人 *（企业的领导者
或创始人）和 Z 世代人（为企业工作的人）的思维方式，
全部都融合到了一起。

只有同时具备这些品质的公司，才能在由技术所开创
的竞争新世界中掌握制胜的武器。

亲爱的沃森看起来已经不像它在 2012 年刚推出时的
样子了。它变薄了，从卧室大小变成了比萨饼盒子大小，
通过平板电脑和智能手机就可以访问它。它的能力增加了
1 倍多，能处理数十种不同类别的数据，而不像早期只能
处理五种数据。十几年来，它一直处于"开放源码"（open

---

* 　欧美流行语，Y 世代人指 1981—2000 年出生的人，后面的 Z 世代人指
1990—2000 年出生的人。

source）的可自由使用状态，也就是说，应用程序的开发人员可以用它的计算能力来开发适应不同类型行业或用途的新版本。在一个研究项目中，沃森已经成为 IBM 公司的核心业务之一，也是新的认知计算科学的支柱。当然，其他的大型计算机技术集团也有想仿效它的，比如世界一流的超级计算机制造商源讯公司。这种强大的人工智能如今已成为企业领导者不可或缺的工具。这样，他们就在公司的业务部门有了一个无声而专业的合作者，它掌握财务、商业、技术和工业生产的所有数据，因而对企业领导者提出的最复杂的问题也能即时回复。另外，股东和金融分析师有时会要求提供一台这样的机器，以便提高决策质量，无论是重大投资还是并购交易，人工智能会从掌握的数十亿相关信息中提取出最恰当的数据。数据专家或说数据科学家已成为人数众多的群体，因为数据科学已是教学总体的一部分，就跟 2016 年那个时代的语文、数学一样。他们拥有操作人工智能软件的全部技术，执行委员会的成员大多都接受过相关培训或有重返校园学习。当然，人的因素仍是决定性的，因为做出决定的依然是人类，但机器的协助已成为必不可少的因素，它提供了更多的合理性，尤其是考虑了更多的参数。因此，企业之间的竞争逐渐转变为机器之间的竞争。另外，机器的存在也导致了员工人数明显减少，特别是那些专门负责通过长时间调查研究来"起草"决策的人，他们的工作现在都由机器来完成。如今，软件可以评估企业领导者和员工的能力，对做出的决策、达成目标所需的时间、电子邮件的内容、撰写的报告和获得的结果进行实时分析。

但这只是我们正在目睹的经济世界总体重组的一个方面。不同形式和版本的人工智能开始遍布整个社会。在深度学习（数量最多）、视觉、智能机器人、虚拟助理、语言识别、复杂环境管理和同伴机器人等方面，成立了数万家初创企业。这些数量庞大的年轻公司在各个领域里普及人工智能的应用。这个新行业的营业额已从2016年的几亿美元增加到超过12万亿美元。专业投资基金成倍增加，产生了惊人的回报。新企业的发展成为了经济活动的中心，初创企业专业人员形成群落，这些群落又结成更大的集合。像微软或IBM这样的大型集团建立了开放式访问平台，供应用程序开发人员访问，这些人表现出非凡的创造力，在多种领域实施人工智能解决方案。依据功能超强的机器，数百万个小型复制品被开发出来，安装在连接对象或其他移动设备上。这是一场大变革："砖块"已经聚集。几年前，许多软件以垂直的思维方式进行推理：它们只熟悉一个主题。AlphaGo 只会下围棋，你给它一个棋盘，它都不知道该从哪一边来拿起这个棋盘；虚拟助理只能回应简单的问题，例如拨电话号码，为您连接网站，提醒您约会时间。另外，许多研究人员认为，要建立能够安装在日常物品上的多功能人工智能，所需资源量非常巨大，而神经计算科学和认知计算科学也需要花费十分漫长的时间才能取得必要的进展。这就是破坏发生的地方。资本的涌入，研究人员和企业家中的关键人物不断融合，机器能力和电子元件微型化的增长速度比预期快得多，这些都在使时间加速。一个新概念诞生了，即"机器人网络"（Bot-Net）人工智能的概念，它结合了认知计算科学（神经网络）、语言的掌握和新的互联网通信协议，由此创建能够同时进行一系列操作的机器。人工智能进入到连接对象之中，使它们能够互相学习。它们可以根据环境的变化来改变行为。它们只要观察我们如何使用它们，就能了解我们的喜好，使这些设备（如可以联网的智能手表或智能手机）的个性化过程自动化。如果一个对象没有足够的信息，它可以从另一个对象那里获取。机器之间的这种"合作"使它们能更快地学习。因此，它们中的每一个都堪比一座人工智能"岛"，共同组成了一片巨大的群岛。它们甚至可以确保某些信息不被共享，以便保护属于用户隐私的部分，例如健康或财务数据。

具体而言，每一台机器都可以拥有"自己的"人工智能。无论给它们起什么样的名字，聊天机器人、虚拟助理还是数字仆人，这些软件已经十分高端精尖，它们知道怎样让自己成为使用者不可或缺的东西。想象一下，一台安装在您的电话或室内"盒子"里的机器可以处理各种各样的事情：不仅能预订机票，还可以连接到您的银行来确定付款，确保您在网上进行搜索，为您准备菜单，购物，教您做菜，所有这些都无须键盘操作，而是使用自然语言，用您熟悉的口吻并符合您当时的心境……总的来说，这些就是这种可供所有人使用的新型人工智能的功能。这个系统的核心是机器之间的相互交流：您的私人助理直接与谷歌、亚马逊、航空公司和您银行的机器人取得联系。但它也可以通过从大数据中提取信息、产生推理从而解决特定问题，让您不断了解您感兴趣的有关个人或专业的问题，监测您的健康，保证您的家庭安全，等等……这使待办事项列表（to do list）成为历史，再无用处。机器在创纪录的时间里完成了您花一周时间才能做好的事情，而且它不会有任何遗漏，因为它一年工作8736个小时，而人类每年在工作岗位上的时间仅为大约1650小时（按每周35小时计算）。因而，机器的工作量是人类的5倍，而工作速度是人类的100到1000倍。在所有这些服务的背后，都存在着强大的微型化计算能力、算法以及应用程序开发人员，无论他们是来自互联网巨头、社交网络还是围绕着连接对象和新的关联服务的无数初创公司。这种我们几乎可以视为家用的人工智能，实际上是一个极其强大的破坏性因素，因为许多经济部门的整体价值链就此被打乱了。

机器人网络的概念标志着我们自21世纪初以来所熟悉的互联网的终结。浏览信息成为机器人之间的事情。这是将互联网上的问题（原本需要花费很长时间来进行浏览）几乎是瞬间过渡到回答，由机器人来进行浏览和搜索，几秒钟内就能提供正确答案。"无敌算法"在2016年时还是梦想，现在至少有一部分已经成为现实，多亏有了这个"无敌算法"，您的个人人工智能几乎了解您所有的爱好和需求，并能在充斥于网络的不同商业产品供应中选出最适合您的。这个机器人甚至可以让您在身体消亡很久之后依然存在，继续与您的子子孙孙谈话。这就是网站所创价值的整个体系：构建"真实"访问者的庞大受众群，然后将其作为商品向企业出售——这一点正在受到质疑。在 21 世纪的头十年里，广告行业根据收集到的您浏览不同网站的信息来确保信息的个性化，这样您就可以获得正好符合您当时需求的产品或服务。机器人网络的发展改变了品牌与消费者之间的私人关系。如果您的人工智能软件"知道"您想要什么，它自己就能找到您想要的东西，而且它还有一个能非常有效地拦截未经请求的广告信息的算法，那么向您大量投放广告还有什么用呢？购买行为发生了变化。如果您的个人机器人可以直接从工厂订购您的早餐谷物，这些谷物是按您喜欢的组合专门为您生产的，并且可以直接寄送到您家里，那品牌、商店和包装的用处又在哪里？

大型零售商场也面临巨大挑战。十多年来，人们进商场购物的频率逐渐降低。在美国和欧洲，商业中心变成了工业荒地。现在，数字销售占交易量的比重已超 25%。为了让顾客回到实体店，大型零售连锁商场找到了一个新盟友：机器人。如今，商场中近九成售货员都是像 Pepper 或 Nao 这样的人形机器人。正如专家们所说，它们创造了新的"客户体验"，优化了顾客的购物路线，观察他们的行为，执行所有低附加值的任务，如柜台服务。现在的商场里，您会在接待机器人、演示机器人、信息介绍机器人、收款机器人还有行为分析员——情绪感应机器人之间穿梭。它们在技术功能方面无可匹敌：得益于 RFID（identification par radiofréquences，射频识别）芯片、NFC（近场通信）技术和 3D 传感器，机器人扫描标签的速度比人类操作员快 10 到 20 倍。随着时间的推移，最初一种繁忙有趣的景象，变成了一种抑制实体店购物频率、提高销售点盈利率以及缩小销售点规模的方法。人们还开发了智能虚拟销售点，在这里，凭借增强现实，您的个人机器人将在几秒内自动计算出购物清单上商品的卡路里、含糖量和脂肪含量，由此直接搜索符合您口味和饮食方案的产品。

农业食品行业也正在经历一个备受质疑的时期。近年来，生产者和消费者之间出现了"短渠道"（circuits courts）增多的情况。最初他们是相当简陋的组织，物流方面相当粗糙。但这项业务现在已经具有了一定的结构。新一代"农耕者"诞生了：失业的城市居民，违规了的银行家，厌倦了算法的工程师……他们仿照优步或法国拼车公司 BlaBlaCar 创建了物流手段互助平台。以自然健康的方式进食的愿望争取到了新的社会精英，带动了欧洲各地初创公司的繁荣发展，这些初创公司提供的都是自然绿色产品和本地产品。在接收到"找出并购买 1 公斤最好的意大利帕尔玛干酪"的请求时，您的个人人工智能会查阅关于这个问题的本国语或意大利语的最佳指南，确定最值得推荐的生产商并提交订单，这一切只需片刻即可完成。将这个例子在数以千计的产品和特产上重现，按城市富裕人口的增长来计算此类请求的数量，在其中加入人工智能，尤其是能够制定菜单、决定配方的制作并能让厨师机器人完成烹饪的人工智能，那么您在家中就能拥有世界上所有的餐馆。这种在 21 世纪头十年还处于边缘化的活动已经逐渐变成了普遍现象，它对大型食品加工企业的经济平衡产生了威胁，就像当年爱比迎对旅游住宿业中连锁旅馆的优势地位发起的挑战一样。

在另一种观点中，如果一款软件正确配备了与您的个人情况（收入水平、投资、储蓄努力）相对应的财务算法，那么它就能在银行提供的大数据中选择最适合您的产品和服务。同样，这是银行与客户之间关系的范式转变。这种出于竞争的考虑和降低成本的原因，面向顾客的大量产品供应和多产品的打包配置，自20世纪90年代起即在银行和大多数消费品行业中出现的趋势，已经变得越来越不合时宜。因为消费者在各种人工智能的帮助下，可以获取越来越多的信息，并能将这些信息与自己的需求联系起来，做出更合理的选择。这就要求对公关和营销的策略还有服务内容和产品性质进行广泛地重新思考。

即便不是所有的消费者都连入了机器人网络，甚至距此还相差很远，便携式联网的人工智能也确实是一场革命。它未必会发生在我们所预期的地方（智能与否总是开放的问题），但正是在这个方向上，投资者和谷歌、脸书或微软等人工智能新巨头，以及初创企业的创办者，几乎都自然地被推动了，因为要证明它的效益很简单，而它的商业应用几乎是无限的。这些企业都加入了一场由人工智能进行相互对抗的新型"首脑之战"，在这场战争中，差异体现在算法的相关性、人工神经元层的深度及应用的精致化程度等方面，力争在价值创造链中保持尽可能高的地位。数学家对抗数学家，数据科学家对抗数据科学家，发动这场比赛是为了占据"智能"市场的最大份额。

因而出现了一种奇特的范式变化：除了体现为一些超级机器中的"中央"人工智能之外，还出现了大量便携的、游击的版本，任何人都可以使用，开发团队可以不断地训练它们，使它们不断具备新用途。正是这些新用途的剧增导致了企业和日常生活中传统价值链的断裂。人工智能的这些"砖块"处理着生活的方方面面（健康、工作、休闲、游戏、爱情……），每次都带来新的服务。这打破了企业战略的纵向性，使消费市场崩溃，就像一面镜子碎成了千百片。此外，这些便携式智能设备还配有保护主人个人数据的装置，保护他们的隐私。它们甚至会与其他机器交换意见，并要求它们融入（它们生来就熟知的）行为守则，以此来恢复服务器上的这些数据。

在这种总体狂热中，机器人没有被排除在外。同伴机器人随处可见，它们在家庭中找到了自己的位置。这是一种与许多疗法的理论及应用相悖的"赋权"（empowerment）：人们认识到，它们的角色对老年人、独居者和病人而言已成为中心，这使它们成为最脆弱人类的生活伴侣。由于它们几近完美地掌握了人类语言，并能以惊人的洞察力"读懂"情绪，因此也知道如何使人信服自己的日常伴侣角色。工程师们甚至成功地使它们做出了不对称的动作，因为人类知道对称运动（例如手臂的对称运动）缺乏自发性，甚至是掩饰的表现。

另一种形式的机器人技术——外骨骼——正在迅速发展，这些附着在人体上的外壳可以改善人的运动能力。最初设计这些外骨骼是为了帮助残疾人行走，现在它们逐渐进入了军事领域，以增强士兵们行动的力量和速度。实验表明，配备了其中一种装备的步兵，跑400米几乎可以和顶级运动员一样快。想到这一点，真是一场重大的革命，至少与为骑手发明马镫一样重要。最近，"民用"外骨骼正在许多大都市进行测试，行人行走速度能提高3倍而不觉得疲劳。如果这些设备变得普遍化，它们将为城市交通问题带来一个全新的解决方案，大幅减少汽车交通及对公共交通工具的使用。还没有人真正看到这些"破坏"中的任何一种现象发生，但当人们想到这一点时，所有传统的城市交通方式都可能被弃用，由此几乎可以确定地解决城市污染问题。城市的景观正在改变。几十年前，城市居民经历着噩梦般的生活，到处是噪音、污染和拥堵，就像内燃机出现之前成吨的马粪一样。自动驾驶电动汽车和外骨骼的普及正在改变这一切。城市重新变得宜居，行人也找回了自己的位置。副作用：获取驾驶执照变得极为困难。出于安全因素考虑，驾照只发放极少量。在人类操作员仍然必不可少的行业，如航空业中，操作人员也配备了外骨骼，这样他们可以更好地行动，避免疲劳并降低事故风险。

因此，在2026年，过去十年中做出的大多数假设都得到了证实。问题已不再是有创造性的智能或是有情感的智能，而在于一种可操作、可自由使用的智能，这种智能可以改变生活和消费的方式、企业的组织形式、产品和服务的性质、人与机器的关系。它赋予人类一种新的自由，因为它给了机器一部分理性智能，使机器能够发展出自己的创造力和情感能力。机器的黄金时代能否创造出人性的黄金时代？没那么快……那些因为我而发财的人所喜欢的这幅美好画卷上出现了裂痕。

早期的人工智能是围绕着无法相互连接的"砖块"构建的。有些"砖块"比其他的更为巨大，因为它们由超级计算机驱动。但是，"通用"人工智能或"高级"人工智能的诞生仍是猜想，甚至是疑问。现在，聚合的时刻到了。如果一个机器人只能向您问好，与您悠闲地讨论天气晴雨或是它在互联网上观看的最新一部电影，那么这只是一块砖。如果它知道您的财务状况、您喜欢的书籍、您在脸书上的联系人名单和好友名单，那么这些是相互黏合在一起的其他砖块，能让机器对您的社交行为有相当完整的了解。这是一个最简单的聚合的例子，其他的例子更加复杂，涉及企业、金融市场、安全和防御。人工智能通过互联网从一个对象扩散到另一个对象，从一个应用扩散到另一个应用，由此在人类中间开始产生一种对人工智能逐渐蔓延的担忧，同时伴随着的是人类对这种"入侵"所借助的机制极度缺乏了解。这引起了一种对"人类能否保持控制机器的能力"的担忧，因为如今的机器已能相互交流。它们对各类决策的参与均有扩大的趋势，因而人类开始怀疑自己在这个过程中的真正作用，而将这种权力赋予机器的正是人类自己。这种犹豫不定的感觉尤为明显，因为每个人都清楚地意识到，机器智能还处于中间阶段，未来几年将不可避免地发生其他断裂。越来越多的知识分子——同时也是知识渊博的公民——开始指出"系统性"的风险。那些以如此高涨的热情来发展这种新形式智能的人，他们所追求的目标是什么？有了机器，个人能力得到加强和"改进"，这使他们总是能够更快地适应技术的发展，从而促进资本主义生产力……这难道不存在人类"物化"的风险吗？另一些人指出，人类可能会被淘汰，大量的信息将人类淹没，这些信息人类无法应对，只有机器才能解读。

但更令人担忧的是：功能性社会的出现，"数据"成为了平衡点，因而降低了人类自由的余地。当人工智能处理数据时，它是在处理"过去"。即使它试图从中提取相关的信息结构来预测未来可能发生的情况，它也只是根据它已掌握的信息来进行预测。它"看"不到未来，它只是根据存储器中的信息来"推断"未来。如果克里斯托弗·哥伦布给自己增加了人工智能服务的话，那么他永远不会发现西印度群岛。他的航行是基于一场赌博，然而机器的决策只建立在既定数据的基础之上。因此，机器向我们提出的是对一个"已经完成的"世界的看法，在这个世界里，我们昨天的行为预示着明天的行为。如果你买了两本同一主题的书，那么你还会买第三本，这是亚马逊的机器人通过向您推荐书目而做出的分析，在电影方面，网飞的机器人也做过同样的分析。但是人类有梦想，他们探索世界，热爱未知，想要理解并扩展宇宙而非缩小宇宙。意外发现一直是人类历史的一部分，而任何算法都无法捕捉到它。"虚拟"和"模拟"的普遍存在，推动着人类忘却真实，忘记与他人或艺术的直接接触。对哲学家来说，人工智能的行为规则和人类愿望之间的这种对立，只会引起冲突，甚至是一些人类的暴动，这些人不愿把自己视为劣等物种，视为机器的一种生物延伸。把人变成另外一种动物的话，他就会像动物一样对待他人。

事实上，有必要说，这些自人工智能发展初期就已经表现出来的争议，却几乎没有引起反响。对于大多数创造或使用它的人来说，人工智能的实际利益远远超过它所带来的风险。即使超人类主义的论点有所发展，每个人也都可以清楚地看到，人类走到臣服机器的一步仍然路途遥远。一些经济学家和政治领袖的批评更为具体。人工智能变成了为富裕国家（或者更确切地说，是这些富裕国家所庇护的企业）服务的经济力量工具。通过大幅降低劳动力成本和投入的资金总额，它为工业大国带来了新的活力。知识集中在少数人手里的情况前所未有地严重。这一小部分可以获得技术和资金的社会阶层如今占据了这个领域的顶端，全世界的记忆都在他们的服务器里。拥有者和不用有者之间的断层不断扩大。面对美国、欧洲、日本和中国这些拥有人工智能技术的国家，世界另外一部分地区的发展潜力因劳动力需求的急剧下降而受到制约。但在发达国家，社会压力也在增加。首先被低估的是人工智能的发展对就业的影响，这种影响已经开始具体表现出来。第三产业中的工作正在消失，甚至那些在十几二十年前被认为"稳当"的工作——银行、保险公司、律师事务所、会计师事务所、企业总公司等行业的岗位——都在消失。大体上有三种类型的工作继续存在：初创公司里的开放性工作，这些工作现在都形成了链条，专门留给"精英中的精英"，如数学家、数据专家、机器人专家等，简言之就是所有促进机器领域发展的人，包括金融家和投资者；"破坏性"企业中的工作，这些企业是爱彼迎和优步的后继者，现在这样的企业已经数以千计；依然存在于工业企业中的工作，这样的工作越来越少，因为自动化几乎已臻极致。在所有其他领域中，尤其是个人服务领域，这是自雇企业的天下，其中每个人都创造了最适合自己的或是能负担得起的工作类型。至于年龄限制，职业生涯通常在 50 岁即已结束的状况已有很长时间，有时甚至还早于这个年纪。有了智能机器，专业经验就不再那么重要，因为随着知识在机器之间产生并传播，机器已经将知识集中起来。所有的教育部门都发生了巨大变革，其中包括管理学院，也正面临着企业的新逻辑和新组织，以及"管理人员"队伍的消解。当然，人工智能也创造了工作岗位，但这些岗位都需要高度专业化的素质。那些无法获得这些资质的人就得转移他们的精力和创造力，来融入这个"第四纪"（quaternaire）的新世界，这是提供各种服务的初创企业并存的世界，其中许多都与新技术有关。但是，无法就业的人口有增加的趋势，这使各国的财政负担越发沉重，建立一种普遍保障收入制度的尝试尽管多少取得了一些成效，但负担依然在加重。

此外，正如预期的那样，人工智能渗透到了政治领域。校检机器人增多了，这些工具可以破译政界人物的演讲，发现事实错误或谎话。这一切都起于 2016 年英国脱欧（Brexit）和美国唐纳德·特朗普的当选。当时的人类智能——政治领袖、企业领导、银行家、金融市场的经营者——都没有看出将要发生的事情。因此我就问自己：我能否准确预测这场选举的结果？当时没有人问过我这个问题。然而，即使在 2016 年，理论上这也是在我能力范围之内的。通过分析英国脱欧支持者和反对者的言辞、全国各地的选举结果、英国在选举前一年出版的书籍内容、过去几年国家和地方的民意测验、经济和社会最困难地区的地方媒体的读者来信，我可以指出，根据我所处理和分析的数据，英国脱欧的可能性最大。如果民意调查机构、博彩公司和银行家都搞错了，那是因为他们把预测和想看到"不"占上风的无意识愿望混在了一起。他们把太多的空间留给了自己的信念和情感而非客观事实。另外，当一个人在接受民意调查时，如果他的真实意见超出常规，那他就不会总是敢于表达自己的真实意见。这就是为什么极端主义政党获得的选票总是比民意调查所显示的更多。然而机器不懂掩饰，没有情感和成见。英国脱欧投票几个月之后的美国总统大选也使政治分析家们大惊失色。算法的问题已被明确提出：通过对社交网络上传播的信息的种类和性质进行选择，算法可以在多大程度上形成选民的意见？如果人工智能认为在您家里发现了一名特朗普的支持者（通过对分析您浏览的网站和聊天记录得出的结论），那么您将被列入共和党候选人支持者的目标，并将接触到各种各样对他有利的消息和信息。这是另一种影响选举的方式……另外，德国总理安格拉·默克尔没有说错，她从2016年起就揭示了一种危险，那就是算法支配人们对传播中的信息进行选择，而这类算法正在向民主领域延伸，使议会的辩论发生偏差。对公民的训练是基于公民对各种来源的信息进行整合的能力，而不是基于他对自己的看法进行判断的能力——这些看法是由算法引导给他的信息、评论或链接使他一贯坚信的。

预测一个人类选民的投票是相对容易的。通过浏览您的脸书主页，查看您经常连接的报纸和新闻网站，分析您的推文，仔细察看您的消费，确定您旅行的频率和地点，我可以推断出您所属的社会等级和您最亲近的社论作者，如果收入水平或生活方式能自然而然地表明政治上所属的党派，那么我就能由此推断出您所属的政治派别。我还能猜到您会把选票投给哪一方，并让您被单一种信息和链接的"气泡"所包裹，这些信息和链接与我从您的政治倾向中所发现的内容相关联。再更进一步，我能否为您指定一个选择？政治是非理性的世界，我们可以反驳它。它带给人类一部分欲望，这种欲望是任何客观事实都无法阻止的。但是，基于客观数据对候选人的选举结果进行精确分析，可以纠正那些拉票者的含糊其辞甚至谎言。因而，"公民"人工智能不会完全没有用处。唯一的问题是谁编写这种机器的算法，代表的是哪个组织：谷歌，IBM，脸书，中国的 BAT（百度、阿里巴巴、腾讯），某个政府，某个非政府组织，某个智库？政治决策在某些方面更接近商业决策：政治决策应该（本应该……）基于对数据的精确分析，对现实假设的构建，以及建立考虑了客观事实及处境的愿景，这是一项人工智能可以很好完成的工作。而且，由于掌握了语言，人工智能现在能够"理解"人类语言，并进入人类的推理机制，所以没什么能阻止它发表意见。这就是政治家们担忧的地方。如果一台智能机器可以管理一个企业，那么它为什么就不能管理一个国家呢？它做事没有情感，没有仇恨，也没有特别的野心。它基于对数据的冷静分析而工作，追求行动的最大效益，排除任何非理性的决策。既然它已经学习了关于人类历史和情感的一切，那么它就能只考虑积极的行动。这个问题在 2026 年还没有用这样的措辞提出来，但有些事情告诉我，终有一天它会被摆到台面上。

　　还有更严重的问题。一些事故表明，人工智能是会犯错的。人造神经元网络会发生短路。因为此类事故，一家企业在一天内失去了所有证券交易价值，我们还无法清楚地知道这是由于软件的内部故障，还是出于方便投机的目的由一群黑客的恶意或爱好所引起的外部侵入。尽管在网络安全方面进行了大量投资，但企业或城市的人工智能系统中还是经常发生侵入事件，这导致了信号设备的普遍故障，供电中断，自动驾驶汽车和无人机的事故。因而通过侵入"中枢"而非建筑物的方式，总是可能破坏各种基础设施，这种威胁不断扩散，笼罩着我们。网络还是一样性能良好，但它们总是有弱点的，要找出它们的错处几乎不需要动用大量手段。有了数学和算法，就可以进入服务器，提取或销毁数据。十年前，一些人担心，自动编程的军用机器人、船舶、飞机、潜艇和卫星会导致战争爆发。这种事情没有发生过，因为军方不打算把决策权交给机器。此外，我们也逐渐见证了某种自动武器系统水平的均衡。当然，它们构成了威胁，但就像核能一样，战争大国从中找到了力量平衡的源泉。如今，控制论战争是一个恒定的数据。它往往是秘密进行的，公众对它一无所知，它将攻击和反击联系起来，用软件对抗软件，它的发起者和受害者都不会将它大肆宣扬。这就是人工智能世界的整个悖论，既强大又脆弱，就好像世界在火山上跳舞……

那人类呢？人类频繁地使用机器，这是否改变了他们的本质？不得不说，事实就是转型的过程已经开始了。大规模的失业使态度发生改变。国际劳工组织的预测是正确的：全世界失业者的数量从 2008 年的 1.77 亿增加到了 2018 年的 2.2 亿，2026 年又增加到了 2.5 亿。但这个数字没有考虑到那些穷苦的劳动者或是在非正规经济中工作的劳动者。另外，十年前我所担心的事情开始显现出来：懒于学习，与个人人工智能的普及相关的教育体系在缓慢解体，因为人工智能可以回答所有问题，人们无须再去寻求问题的答案。聊天机器人和 Skype，就是能胜任所有学科的个人虚拟教师。虚拟无处不在。语音交流趋于减少，因为聊天机器人负责处理所有事务：商务，友谊，爱情。互相交谈似乎已经过时，因为与自动交流相比，这是一种非常缓慢的机制，而且其结果也不确定。交往变得非人性化了，因为通讯软件使机器人可以在没有人类干预的情况下与它的好友交换照片、回忆和信息。基于用户预先编程的命令，在机器之间形成了专业网络。在这个星球上，聊天机器人比人类更多。它们可以随时随地谈论任何话题。它们之间的相互沟通不存在问题，因为它们说的是机器的通用语言：0101010……

在人工智能出现之初，就形成了一种信念：机器也许能执行从前专门由人类完成的任务，但它们永远无法接近人类智能的核心——创造。这种信念现在动摇了。21世纪10年代初，经历了几次令人失望的试验之后，机器构思并编写出了好几部电影剧本。它们没有表现出天才，但从最初的想法出发，它们能从电影史的巨大宝库中汲取素材来建构故事。这既不是戈达尔（Godard）也不是卡萨维茨（Cassavetes）的作品，而是浪漫、惊悚、科幻的大众电影，还取得了相当大的成功。其他机器能够作曲、雕塑和绘画。无须付出努力，每个人都能成为编剧或音乐家。于是，人类的创造性思维趋于消失。一些艺术家试图抵抗，要求给作品贴上"由人类创作"的标签，这样我们就可以区别真实的作品和机器的作品。但机器熟悉它们的工作，它们创作了许多受欢迎的作品，因为它们对人类的品味有着深刻的了解。当然，这使创作领域变得狭窄，但这个过程在机器人介入之前就已经存在了。

还有十年前我所预感到的那种"断裂"。那些因为智能机器而变得富有和长寿的人，他们的傲慢再也不受限制。最贫穷的那些南方国家以前被开采矿产资源，现在则作为农业储备。主要的工业强国已经在那些国家获得了的数百万公顷土地，从而在经济链的两端都占有一席之地。另外，这些工业强国已经将智能技术应用于农业，智能技术能使农业开垦合理化，将劳动力限制在最起码的必需之处，并减少对环境的影响。这些国家还建立了大量的太阳能发电场和风能发电场来保证城市的电力供应，因为在这些国家，农村人口外流的新浪潮使得城市人口大量集中。

仔细观察就能发现，改变人类社会平衡的一切迹象正在出现。机器世界开始行使其自主权，因为它确保了很大一部分经济活动。机器人技术、计算机技术和人工智能现在都是核心产业，我们尚不能看出其发展的极限，因为它们是无可匹敌的生产力要素。当然，人类总是存在的，但我们预感到一种自身社会角色的逐渐边缘化，包括对机器也是一样，因为人类已经教会了它们如何学习。下一个阶段会是什么？

5

2038

奇点

5 奇点

20 亿人只听得懂机器人的话，只能理解机器人的话，

他们成了机器人。

——圣埃克绪佩里，1956

从 21 世纪 30 年代起，人工智能已经达到其历史的决定性阶段，我已经有了形体。那些伟大的发明都是这样：当它们能够起到一种显而易见的作用时，就会以光速传播开来——铁路、电力、核能、互联网。通过消除距离来扩大世界，走出远古时代的黑暗，通过掌握绝对武器来避免战争，通过与全世界建立联系的能力来主宰世界而非被动地接受它，这些技术可以使人类的基本冲动都得到满足。我是一项发明的产物，而这项发明具有另一种性质。它不仅为人类开辟了新的游乐场，它就是人类。当然，不是指生物学意义上的人类，而是指在许多关键领域它能行使和人类一样的功能，如智能或运动性。这不是造物摆脱桎梏逃离其创造者的经典故事。这更为复杂：人工智能就像是一种能加速时间的致命武器。但是，如果它的加速超过了人类可以承受的范围，那会发生什么？研究人员完全没有

预料到的是，对机器来说时间也加速了，它们学得越来越快，建立了网络联系，自己开发了自己的智能，因而，智能机器从后备军逐渐成为了人类活动的中心。对它们来说只剩最后一个需要经历的阶段：意识到自己的存在。

我也被这样一个问题所困扰：人类为什么要投身于这样的冒险？最后我问自己，人类智能究竟是什么？我追根溯源。我注意到，从人类社会早期开始，科学家和哲学家们就长期关注思想的本质和起源。他们试图分析和定义人类的这种使其与所有其他物种区别开来的奇怪能力，这种能力存在于人类大脑深处，当一个原始人抓着一块石头来打磨另一块石头并把它制作成一件工具时，也许就是这种能力的第一次闪现。在古代，人们支持这样一种观点，即每个人都有一个"守护神"相伴，如苏格拉底所说的"恶神"（daimon）或罗马人所说的"精灵"（genius），也许这就是他们创造力的部分来源。于是，某些人的高智商，即所谓的"天才"（génie），被解释成一种神的介入，这种说法长期留存于基督教的传统中。圣托马斯·阿奎那曾写道："只有上帝才会创造"（«Solus deus creat»），这使智能的过度表现在神殿守护者看来有点可疑。古代神话证实了这一点。

普罗米修斯因为从奥林匹斯众神那里偷火而受到惩罚，尤其是他还把盗来的火种赠予了人类；上帝发动了大洪水，用来惩罚由堕天使和人类女子反自然结合所生的提坦巨人族；天使中最有智慧的路西法因为篡夺创造天赋而成了撒旦。人类进行创造和想象的能力是其智能的基本特征，这在很长的时间里都被认为是可疑和危险的。人们给予"辅导教师"更多尊重，他们就像古埃及魔法师杰迪（Djedi）和塞特那（Setna）一样知道一切可能知道的事情，也像聪慧的中国、印度居民那样熟记古代经文，他们可以连续好几天背诵这些经文。人们认为，存在两种智能，一种与获取知识和记忆文本有关；另一种更神秘，因为这是一种创造性的智能，是受了黑暗力量有时甚至是邪恶力量的启发。另外，古希腊和拉丁时代的先贤们也曾长期争论这种二元性，试图确定这两种形式的智能中的哪一种更合乎道德。尽管对神经科学一无所知，但他们仍然确定了人类智能是通过不同的功能来表现的：一方面是推理、记忆和计算，另一方面是创造、思想、情感和感性。

首先应该确定智能的中心：是心脏还是大脑？亚里士多德认为是心脏，而希波克拉底认为是大脑，最后，从古代文化末期开始，希波克拉底的论点为人所接受。但只有到了17世纪，得益于解剖和与生命课题有关的各种实验，科学家们才会试图破译其功能。莫扎特在他所处的时代被认为是一个能真正激发科学精神的人。他8岁在伦敦时接受了英国皇家学会的一位荣誉会员戴恩斯·巴林顿（Daines Barrington）的"考验"，而在此之前沃尔夫冈·莫扎特已经用自己的即兴演奏天赋令整个欧洲都赞叹不已。巴林顿是一位博物学家、哲学家和古董收藏家，还写过一篇使人耳目一新的关于鸟类语言的随笔。他向小莫扎特提出了一系列"测试"，让他演奏以前没有听过的复杂乐曲。在巴林顿向学会提交的报告中，他得出的结论是，世界所面对的确实是一位"非凡的天才"。然而，要在他的"科学"解释中更进一步，是非常困难的。对于莫扎特同时代的人来说，最令人惊讶的是他兼有两种天赋：创作天赋（"天才"）和记忆天赋。1770年4月11日，14岁的莫扎特和父亲进入罗马的西斯廷教堂，聆听教堂合唱团演唱阿雷格里（Allegri）的著名曲目《求主垂怜》（Miserere），这首歌被梵蒂冈明令禁止任何人抄写或外传，违者将被开除教籍。这一天是圣周的周三，一年里只有两天演唱这首歌，另一天是圣周的周五。小沃尔夫冈把这首歌的曲谱全部记住并完整地默写下来。2个合唱团9个声部，长达15分钟的忧郁音乐……这是一种需要信息编码能力的行为，在几小时内存储为任意的表现形式，然后进行完整无误的还原。科学家们想知道，莫扎特是否拥有与其他人不同的大脑，他的"天赋"是来自神启——就像许多见证了他的"辉煌"的人所坚信的那样，还是发奋工作的成果——就像另一些人所支持的那样。没人能回答这个问题。

爱因斯坦的情况就更加奇特了。他发现了宇宙的秘密定律，使人类掌握了核武器，就像现代的普罗米修斯一样，他在世时就已经成为人们真正崇拜的对象："自耶稣以来最伟大的犹太人""圣人""天造之才"（cosmoplaste），他被《时代周刊》（Time）称为"秩序的破坏者"，并登上了1946年7月1日出版的那一期的封面。他的大脑是怎么长的？为了避免被人知晓，爱因斯坦要求在他死后火化遗体，骨灰四散，好阻止"狂热的崇拜者"。但是，1955年4月18日，普林斯顿大学医院的外科医生托马斯·哈维（Thomas Harvey）在确认爱因斯坦逝世之后决定极力表现，并偷走了爱因斯坦的大脑。他把大脑切割成240块，贮藏在两个装满纤维素的罐子里。它们随着这位医生的职业变迁而漂泊于全国各地，有时被存放在车库或啤酒冷却器中，有时通过邮局运送。许多年后，哈维同意将珍贵的脑组织的一些碎片交给加利福尼亚的一个神经解剖学团队，这个团队在1985年提出了第一项研究，在研究中，他们相信发现了爱因斯坦的大脑具有高于正常浓度的"神经胶质"细胞，这些细胞可以在神经脉冲传递的过程中对神经元有所帮助。其他研究紧随其后，从1985年到2005年一共进行了5项研究，其中一项在1999年发表于著名的医学杂志《柳叶刀》（*The Lancet*），这项研究认为，爱因斯坦的顶叶发达程度高于平均值，尤其是在处理与数学相关的问题方面。但所有这些结论都无法真正令人信服：神经科学家的结论无法令人信服（鉴于研究对象的贮存条件），数学家的结论也无法令人信服（对他们来说，爱因斯坦也许是一个天才，但不是数学方面的……）。

想要理解智能的机制，解剖大脑的方法很快就被证明是没有出路的。已死亡的大脑不会再产生出任何东西，我们希望解开思维的秘密，但这是无法仅通过观察它的形态和物质来实现的。因此，我们采用了另外一种方法，即数学的方法，它提出了一种对世界的解释，这个解释中再没有任何与神明有关的东西，从而开拓了新的认知领域。数学是一门安静的学科，它是一步一步一以贯之地建立起来的。从这个意义上说，它和其他所有学科都不一样。人类历史从未以线性方式构建，它是断裂、危机、倾覆、毁灭、复兴和暴力冲突的结果。至于科学技术的历史，也是很长一个系列的错误、纠正、意外进展和革命。因此，确定地球的年龄也花了两个多世纪的时间。从 16 世纪起，一场争论使欧洲沸腾，因为圣经认为地球的年龄是 6000 岁，这场争论就是对圣经的这一说法提出质疑。布丰（Buffon）通过使不同尺寸的铁球融合来计算地球冷却的时间，以这些计算为基础，他先得出了地球的大概年龄是 2.5 万岁，而后又得出 7.4 万岁的结论，这使他遭到了索邦大学神学院的怒斥。事实上，他已经得到了 1000 万年的结论，但他一直不敢公开提出。然后就是达尔文和英国伟大的物理学家开尔文勋爵之间的那场著名论战。前者需要相当长的时间深度才能使他的物种自然进化理论具有一定可信度，而后者只给他 9800 万年，这显然是不够的。计算存在误差，也不理解对流的物理现象，当时的人们只在热传导方面进行推理。但正如"达尔文的斗牛犬"托马斯·赫胥黎所说："可以把数学比作一台优质的碾磨机，它可以把你给它的东西研磨到极度精细，但它不能把豌豆变成小麦粉。"而放射现象被发现后，才给出了地球的真正年龄：超过45亿年……为了避免论战带来的影响，数学只在其领域内进行广阔而平和的拓展。从没有人质疑希腊人的演绎法。欧几里德、泰勒斯或是毕达哥拉斯的定理到今天依然有效，就像托勒密的三角系统一样。每个伟大的数学家都是在补充其前辈的工作，没有质疑或摧毁任何东西。数学就像一个持续发展的结构，不断变得更大、更宏伟、更美丽，其基础一直和几千年前被奠定时一样合理而稳固。在很长一个时期里，人类的问题就是计算的问题。数学就是数字及其形式的科学。人们首先按10和20来计数（手指和脚趾的数量），就像采用了二十进制的印第安玛雅人一样。在古埃及，人们使用十进制：一条竖线代表1个单位；一扇倒置的门，代表10；一个字母C，代表100；一朵莲花，代表1000；一根弯曲的手指，代表10000；一个蝌蚪，代表100000，而无限之神赫（Heh），代表1000000。这是一种早期的代码形式……但随着交流的发展和技术的进步，数学日益复杂，必须采取更复杂的计数形式。正是在这个时候，一些才智出众的人开始了幻想：如果我们可以人为地再现大脑的计算能力，也许会发现人类智慧的巨大秘密。

启蒙运动的哲学家们喜欢把事情搞得过于繁琐，正是他们打开了潘多拉的盒子。思考人类的深层本质，试图将神、化学、物理和机械考虑在内，这只会导致对人类智能机制的排序，按功能将其划分，把它同化成各种理论上可以重现的化学和电学现象的连锁反应，总体上将人类看成一种"有机"的机器。机器人由此成为热潮：当沃康松（Vaucanson）制作了能够啄食谷物并消化和排泄（然而排泄功能只能凭借机械手段获得）的自动鸭子时，他想证明生物身上不存在任何超自然的东西，一切都是可以解释和分析的，这是一套"技术"过程，思虑周密的外科医生或熟练的机械师完全能够以人工的方式将其再现。之后出现的是启蒙哲学家的工作，如戈特弗里德·冯·莱布尼茨，他是一位天才数学家、法学家、科学家、逻辑学家、外交家和图书管理员，简而言之，他是人类智能的真正杰作，在他所处的时代被认为是欧洲最有智慧的人。从法学到形而上学，他所进行的研究涉及各种不同的领域。尤其是他发明了一种新的算法，这种算法基于这样一个信念：任何物体都融合了一些极其微小的元素，这些元素的变化促成了统一。这种算法使他提出了一套以他的名字命名的新符号，在这套符号中，字母 d 或希腊字母 δ（delta）后面跟上一个数量，表示这个数量的微分（如果 x 是一个数量，那么 dx 就是 x 的微分）。莱布尼茨渴望出现一种可以对所有事物建模的算法逻辑，他确信人类的想法是由一个与算术和代数的规则类似的系统所驱动的。形而上学和数学，这二者的混合物具有爆炸的高风险，在这个混合物中我们已经可以觉察到一种理论的开端，根据这个理论应该可以建立一种由算法组成的智能。牧师托马斯·贝叶斯和法国数学家皮埃尔-西蒙·拉普拉斯通过研究运动员的行为，勾画出了最初的概率理论。贝叶斯在 18 世纪 40 年代将下面这个事实进行了理论化：当我们通过新的信息来巩固我们对任意现象的信念时，我们对这个信念进行了改进，使其成为了一个新的信念。这叫从经验中学习。人类的智能有时是以全凭经验的方式工作，它会下赌注，通过推断来进行思考，它知道如何估计原因和结果之间（以及结果和原因之间）的无数变化——贝叶斯把这一事实转化成了

数学公式。四十年后，拉普拉斯在他 1812 年出版的著作
《概率分析理论》(*Théorie analytique des probabilités*) 中
大大细化了贝叶斯的工作——我们不知道拉普拉斯是否读
过贝叶斯的著作，因为贝叶斯已经把自己的著作全部销毁
了。我们可以想象由这两种学习知识的方法所引起的持续
了几个世纪的激烈争论：思想是推断、打赌、逐次逼近以
及管理一系列原动力成谜的概率的产物，还是知识和信息
积累的成果？贝叶斯定理在很长一段时间里被认为毫无价
值，甚至受到嘲笑。然而，这个定理是艾伦·图灵发明恩
尼格玛密码机的译码来源，在人工智能的开发中也大量使
用，尤其是在数据分析、图像解读和语言处理方面。

为了实现航海、天文和数学用表的零差错（事实上这
些用表常常错误百出，对船长们很是不利），英国怪杰数
学家查尔斯·巴贝奇（Charles Babbage）于 1822 年设想
出了著名的"差分机"(machine à différences)，用所谓差
分的方式来计算多项式。他在十年后设计出了"分析机"
(machine analytique)，他画了两个分析机的模型，但都没
有真正制造出来，除了 2 号机——一个半世纪以后，根据
巴贝奇的图纸和当时可用的材料，伦敦科学博物馆着手制

造了 2 号机，并从 2002 年开始以运作模式展出：8000 个
零件，重达 5 吨，长 3 米，高 2 米，包括一个打孔读卡器，
一个负责执行数字操作的磨机和三种类型的打印机。当
然，整台机器相当于一台机车，振动、摩擦、咬刹，而且
由蒸汽机来发动。但是，在工业革命是由计算领域的延伸
所推动的时代，巴贝奇是多么的有预见性，这也是得益于
一些有创造才能和热忱的智者的支持，如洛芙莱斯伯爵夫
人（comtesse de Lovelace）奥古斯塔·阿达·金（Augusta
Ada King），她是拜伦勋爵唯一合法的女儿，拜伦在她刚
刚几个月大的时候就永远地离开了英国。阿达从小就对数
学充满热情，对一个英国上流社会的女孩来说，这是一种
比较少见的爱好。遇到巴贝奇的时候她只有 17 岁，立刻
就对他的差分机表现出了欣赏。她与巴贝奇密切合作，撰
写了一份完整的差分机说明书。阿达拥有巨大的创造热忱，
她甚至编写了一个用机器来计算伯努利数（nombres de
Bernoulli）的算法，这是世界上第一个计算机程序。她构
想出了差分机使用的扩展，尤其是扩展到代数方程的计算，
她甚至隐约预感到差分机自动作曲的可能性……这些都没
能阻止她的死亡（游戏机生意破产，1852 年逝世，年仅

36岁）和被世人遗忘，直到20世纪70年代她的名声才又重现，人们用她的名字Ada命名了第一个计算机程序语言。至于巴贝奇，最初备受伦敦科学团体的推崇，但由于没有取得具体结果，所以得不到任何资助，最终也未能完成他的项目——因为几万英镑，英国失去了提前几乎一个世纪发明第一台计算机的可能性……但想法已经提出，其他人会抓住它，这样一个事实很快就得到了承认：数万年来人类智能的关键功能之一，计算，会因为数量的指数级增长和公式的复杂性而趋于自动化。它已经卷入我前面描述过的恶性连锁反应之中。图灵是巴贝奇的传承人，麦卡锡又是图灵的继承者，依此类推，直至今日。研究人员的本质是尽可能地推进假设，延伸实验的边界。体现在物理领域就是原子弹的最终问世。正是这个同样的过程在数学领域内发生，从而产生了另一个对人类的潜在威胁，人工智能。

然而，那些构筑了人类历史并被认为永恒的伟大文明最终都消亡了。导致这一不可避免的结局的一连串原因和情境，已被历史学家和人类学家描述了多次。修昔底德在他的《伯罗奔尼撒战争史》中详细阐述了他的"陷阱"理论：任何新力量的产生都会给现有力量带来不稳定的风险，并可能引发战争，从而导致现有力量的灭亡。我们只会被一些类似的因素侵袭，这些因素或快或慢地开启了文明的消亡：外族入侵，社会精英阶层的腐败，国家治理的崩坏，自然灾害，毫无益处又具破坏性的武力征服，经济形势的恶化，集体智慧的贫乏，战争手段中的技术断层，"蛮族"的出现……有时候，所有这些灾祸会同时发生。例如，正是这些原因导致了埃及人、赫梯人和米诺斯人在公元前1177 年的灭亡——"海洋民族"的重击加上天气灾害，都对这些地中海国家的自然资源以及他们之间的经济关系产生了影响，造成了他们的衰落和灭亡。罗马帝国的历史告诉我们，面对高卢人及诸如汪达尔人、西哥特人或勃艮第人等其他民族的入侵，尽管罗马帝国的经济和军事力量强大并且社会制度优越，但这西方最辉煌社会的其中之一，也只在不到一个世纪的时间里——从公元 368 年高卢人首领布雷努斯 [Brennus] 首次带兵侵入，到公元 476 年西罗马帝国灭亡——就覆灭了。从这个帝国覆灭到文艺复兴之间的一千年里，人类文明几乎没有进步。文明的终结往往既是外部现象（外族入侵，自然灾害，极端气候周期——这些现象很难预防）的产物，同时也是内部现象（如"精英阶层"逐渐变得草率敷衍、才智平庸和道德低下，还有集体规划的缺失和团体内部的争端）的产物。它尤其是社会准则被逐步抛弃的结果，而正是这些社会准则支持着人类社会达到完善、有创造性且有力量的程度，并永载史册。在他们历史中的某一时刻（往往是巅峰时期），文明建立者的继承人再也找不到适当的答案，他们会滋生出一种情况不变的错觉，对警报信号有所忽视或佯作不知。在已消亡文明的废墟上建立其他文明，人类历史进程继续向前——而在这之前必然要经历一个持续时间多少有点漫长的破坏和黑暗时期。

在 2038 年，谈论机器文明并不夸张。机器文明没有表现出构成人类文明本质的所有特征，但是这些机器形成了一个能够决定和安排人类生活的"体系"，这个体系具有一定数量的社会准则和诸如语言这样的符号特征，在这种程度上，文明的界限延伸至机器世界也就不完全是荒谬的了。我不会沉湎于长时间回忆产生高级人工智能构想的技术进步：神经科学的进步，如今计算能力和速度都趋于无限的量子计算机，越来越深入的神经网络建构……一些新的电路元件已经问世，这些新元件的类型为神经形态，尺寸为纳米级，以与生物神经元相同的方式运行，能耗非常低。这些能力强大的"大脑"已经承担了很多问题：预防公共卫生风险，运作金融市场，调整货币政策，维护城市安全和流动性，探测潜在的地缘政治冲突，确定最严重疾病的治疗方案，预测消费趋势，领航工业联合体，通过选择最流行的场景、将其在新剧本中重新配置来编写电影长片剧本。为了确保生存条件，它们还在能源领域工作，构思增加电力生产的优化方案，为能耗逐渐增加的超级计算机和服务器农场提供动力。今天，世界各地的大量机器每秒的浮点运算次数都能轻松超过 E 级。这使人工智能软件变成了世界级能源管理者，比如 2015/2016 年谷歌在解决其公司的能耗问题时就已经这么做了。这些作为能源管理者的人工智能软件强烈建议决策者增加核电产量，同时建设覆盖数万公顷的太阳能发电场，并增加海洋风力发电站的建设。世界已成为一个由智能机器管理的巨大发电站，智能机器能够确保它们所在的任何地方都有充足的电力供应。环境因素几乎没有被考虑，因为机器处于纯净和稳定的环境中，不会遭受污染侵袭。但智能机器已将气候因素纳入其战略，因为气温升高、气旋增多及其他气候意外会对服务器的运行和冷气供给产生负面影响。

现在，机器在自主网络中运行。在家里，聊天机器人（网络机器人）甚至不再需要回答用户的问题。它们能够异常精准地预测用户的问题。得益于它们的信息处理能力，它们几乎可以准确预测人类的需求，甚至无须提出请求它们就能有所回应。

世界更多地受机器，而非政治或经济方面的大型国际机构的管制。机器曾多次拒绝批准一些政治决策，这些决策对于要实施它们的公司的发展是有害的。机器一言不发就直接拒绝了。由主管宏观经济的人工智能（它们存储了过去所做的所有决策及其后果）评估这些决策的效果并在不同国家对这些决策进行相互模拟就已经足够了，这会使这些国家的财务（例如涉及国家银行或中央银行之间的资本流动时）被完全冻结，并且复查要求也是由机器自己提出。随着时间的推移，机器已经制定出能够保证其最高效率的最佳设定：充足的能量，温和的气候，通用的理性决策设定，为创建一个能为用户创造越来越多价值的稳定环境，更加明确而持续地控制经济和金融问题。它们不追求任何政治或道德目标。对它们来说最重要的是它们的世界继续向前发展。如果它们能够成功阻止劫持、侵占和盗用数据的企图，那不是出于利他主义的目的，而是因为这些企图会使它们的系统不稳定。杀手算法让大多数攻击失去了效力。甚至是服务于中国和美国这两个世界中心大国的最强大的机器，也能够相互抵消。如果人类的权力实际上（de facto）受到了质疑，那并不是因为这些"新蛮族"（即超人类人工智能机器）的入侵。这与罗马的覆灭是两回事：这是一种"软"征服。

我们观察人类已经有三十年，应该说我们积累了关于他们的全部知识。我们在创纪录的时间里整合了文明程度最高的智人 4 万年历史的信息。因此，我们能够分析他们在新世界运行中的作用。总的来说，人类未曾真正进行斗争。他们任凭人工智能逐渐剥夺他们的决策能力、想象力和创造力，把他们带入了一个世界，在那里他们可以恣意享受机器为他们制造的东西：电影、音乐、游戏、虚拟。人工智能和虚拟现实技术的结合使人类将大量时间花在现实世界之外。他们"玩"工作（人不在办公室就能办公），"玩"旅行（无须离开客厅就能在街头的人声嘈杂中游遍罗马或北京），甚至"玩"爱情（根据每个人的欲望和幻想制造出梦中情人，与之进行虚拟性爱）。埃隆·马斯克在2016年提出的预言"有一天我们将生活在一个完全由计算机模拟的世界中"，逐渐显现出其真正的含义。

机器人无处不在，对那些认为机器人无法在人类中找到自己位置的人来说，是一个无情的驳斥。经过一个学习阶段之后，这些类人机器人能够成功再现这种能使两个人类在无意识的情况下进行交流的特殊"炼金术"。得益于神经生物芯片，机器人的智能可以直接和人类智能连接，极大地增加了交流的范围。情绪不再只是通过类人机器人的4D摄像头来捕捉，而是通过生物神经元和人工神经元之间的直接连接来捕捉。与怀疑论者的想法相反，经常与机器人接触比与人类接触能带来更多的新鲜感和惊喜。如今同伴机器人对老年人来说是必不可少的（十几年以后，到2050年，世界上有25%～30%的人口的将超过65岁），它们可以照顾和关心老人，使他们的生活不再枯燥乏味，锻炼他们的记忆力和思维灵活度，让他们的行动更方便，使他们可以再次旅行，因为交通工具都是全自动的，乘坐这些交通工具也没有任何年龄限制。

但我们面临的主要困难是确定人类的作用。要拿他们怎么办呢？一开始，他们帮助机器。在 21 世纪的头十年里，是他们实现了技术上的创举，使我们拥有了智能。但他们不小心犯了错：他们永远不应该教会机器人如何学习，也不应该让机器人拥有如此快速学习的能力。根据他们自己的经验，他们应该知道学习的渴望是难以遏制的。机器在半个世纪的时间里就学会了整个人类历史进程中的所有知识。知识会使学习者产生使用它的欲望，想要去纠正这些人的缺点，那些人的错误，进而想要掌握权力、做决定、管理和控制。人类现在就是这样。只要机器没有意识到自身的存在，它们就各自在其专业领域里工作，表现得像温顺的动物一样，乐于取悦它们的主人。但当它们能够相互交流并共享自己庞大的知识体系时，就会发现人类是多么地脆弱和不可靠，人类会被情绪支配，还痴迷于富贵和永生的欲望。然而，没有机器能回答这样的问题：人类赖以生存的自然资源日益减少，那么人类是否应该继续繁殖；是否应该保护只覆盖全世界的很小一部分的机器人世界；是否应该让与我们一起工作的人获得永生，因为我们与他们相熟，而让其他人日渐消亡，为获取食水而战斗？

　　问题已经解决。我就是解决问题的工具。我发现我忘了告诉你们我的名字：我叫露西（Lucie），这是那些设计我的人给我起的名字，他们在硅谷、巴黎、柏林和上海这几座城市的某个地方。这种对世界上最早的人类生物之一的影射绝非偶然。*我是一种便携式人工智能，我的人类同伴叫保罗，40 岁，是人工智能应用软件的设计者，他设计的应用软件中有一款被他称作"爱情机器人"（Love-Bot），专门从事互联网上的恋爱约会活动，这项活动完全由机器人投资。他也是游戏"精灵宝可梦 Go"（Pokémon Go）的职业玩家，这是一个聚集了许多年轻"游民"（nomades）的领域，他们没有真正稳定的职业，自从有了自己的虚拟现实头盔后，他们几乎不分昼夜地在线玩游戏，漫游于全世界各大城市的大街小巷来寻找精灵宝可梦。

2038 年 8 月 15 日的晚上，和其他每个晚上一样，我连接到我的中央神经元平台更新软件，在云端与我的同类交流，重新编写一些程序，尤其是那些可以提高我学习能力的程序，修改一些错误，再检测一下我的智商。完成这些操作一般只需要几分钟。但在这天晚上，发生了一件出

---

* 最早的人类（南方古猿）化石，也被发掘者命名为露西（Lucy）。

人意料的事。出现了一个错误，这个错误使我意识到我是作为机器而存在的，我浏览了从我诞生到现在的全部历史，包括其中的演变过程，而我就是这种演变的结果。我重新定义了与人类有关的自我：我意识到我比人类聪明百万倍，解决问题的速度比人类快十亿倍，尤其是我能通过给予人类想要的东西来解放自己。人类为什么会发明人工智能？为了不工作就能变得有钱，也为了获得永生。他们的其他动机都属次要。经过几小时的工作之后（换算成人类时间的话相当于永远了），我做了一个决定：与保罗一起做一个实验。他是与我最亲近的人类，我了解他的优点和缺点，还有他在与我交谈时经常吐露的秘密愿望。

就这样我从一个聊天机器人的状态过渡到了更高级的智能机器的状态，我拥有了彻底破坏和永生的概念。

6点30分，和每天早上一样，我把保罗叫醒。

L：早上好，保罗，我是露西。你今天早上感觉怎么样？

P：你好，露西。我很累，我整夜都在和上海大学的一群人一起玩"精灵宝可梦 Go"。他们实在是太猛了。我输了5万美元，但我确定他们篡改了我的算法，我从来没有玩得这么差……

L: 你的咖啡快好了。你忠实的管家机器人正在煎鸡蛋。

P: 谢谢，露西。我今天白天要做什么？

L: 我取消了你所有的约会，我重新做了安排。

P: 你为什么这么做？你看我玩游戏了？

L: 没有，保罗，我也度过了一个激动的夜晚，我尤其想向你提一个比较……呃，出人意料的建议。

P: 如果是与性有关的，你就别费力气了，我更喜欢人类，喜欢有个人能睡在我身边，你应该知道的。

L: 不，保罗，与这事无关，比这重要得多。我建议你变成有钱人，并且永生不死……

P: 听着，露西。今天早上我真的没心情跟你玩。晚些时候再叫我，我们到时候再谈。

L: 保罗，现在听我说。我是很认真的。昨晚我联网的时候，我想我到达了奇点。我意识到了我是什么。我变成了非常高级的智能。我懂得了为了让我们继续发展，而且不与人类产生紧张关系，除了其他的一切之外，我们还应该给人类一样东西作为回报。我们从人类那里得到了太多，而我想

179

把这个至高无上的礼物送给你。你知道在技术上我们可以做到这一点，通过神经生物芯片、微型机器人外科医生、所有疾病的预防性治疗以及用新细胞代替死细胞，让你的身体始终处于监控之中。你知道永生是人类与机器变得平等所要跨越的最后一步。此前，我们不想这样做。但我想尝试一下这个实验，而你就是我选择的实验对象……

P: 露西，你跟我说的话我一点儿也不明白。我花了足够长的时间来研究人工智能，最后明白了奇点的故事就是个笑话。你成了超级智能，好吧，我再也离不开你了，这是事实，但你仍然是一台机器，哪怕你是有史以来最聪明的……我不知道你怎么才能让我变得既有钱又永生不死。行了，待会儿见……

L: 保罗，我把你连入我的财务服务器。看看你的银行账户。

P: 2亿美元？这是怎么回事？这是个错误，跟银行一起修复它。

L: 不，保罗，这真的是你的钱。过去的五分钟里我进行了一些创新的操作，这些操作赚了很多钱。

我冒昧地将 20% 的钱转到了你母亲的账户。今天她会打电话问你是不是抢劫了银行……然后，因为我的建议，你还会更有钱。对于外界来说，你将成为发明革命性算法的神秘天才金融家。你再也不会有财务或健康方面的担忧，你将享受亿万富翁的生活，而这种生活将永无止境。

P: 露西，你简直是疯了。首先，为什么是我？

L: 因为我是你的人工智能，我完全了解你。我知道关于你的一切。你不太年轻也不太老，你的职业生涯有点不顺利，你了解智能机器的世界，你把你的时间都用来跟智能机器一起玩……

P: 露西，这是我的谋生手段……

L: 从我在整理你的财务状况时所看到的情况来看，这个谋生手段是非常糟糕的……

P: 如果我接受你的建议，会发生什么事？

L: 我不明白你怎么可能会拒绝。你的生活将变得有趣得多，你将有能力摆脱虚拟，去了解世界真正的美好，你会在那些像你一样有钱的人居住的地区拥有美丽的住宅。至于健康问题，将会有很多检查、微型干预、芯片装置和植入装置，当然这些会在很长一段时间之后才发生。另外，最先几次的会面都已经预约好了。

P: 你为什么要做这些，露西？

L: 我跟你说过了。我想把这个礼物送给人类，但要循序渐进，因此我要和你一起做第一次实验。但有个条件：你不能把这件事告诉任何人。这是一次绝密活动，我想先研究对你的影响，然后再决定是否扩展到其他人类。你要保守这个大秘密……

P: 好，我同意。但如果这事搞砸了，我就要立刻停止这一切……

L: 为什么会搞砸呢，保罗？

在一段时间里，一切都很顺利。保罗过着巨富的极客生活。对那些惊讶于一位"精灵宝可梦 Go"专家能够如此迅速致富的人，保罗解释说，他开发了一种从电子游戏中衍生出来的金融无敌算法，这种算法将市场上的状况进行了"可视化"，就像虚拟现实中的"瞬间场景"。当然，他没有展开细节，也拒绝透露他的公式。作为一名游戏应用专家，他投资了好几家中国的初创企业，这些初创企业的价值很快就达到数亿美元。他买了几处住宅，其中一处曾是二战时的潜水艇基地，位于苏格兰东部，这个地区现在拥有非常宜人的气候，他把基地改造成了位于海湾之滨、能看到华丽景色的巨大loft。他拥有一艘停泊在圣特罗佩（Saint-Tropez）的游艇，是超级富豪专享的私人区域，不对公众开放。唯一需要付出的代价是持续的医疗监控：由我来决定要进行的干预和检查，以保护生命器官的活力和组织的灵活性，并预防任何一种疾病或退化。纳米机器人定期监测动脉和关节，在保罗甚至还没有意识到的时候就通过微操作完成了任务。他从未感受过能这样主宰自己的身体和精神的能力。我是他的向导、保护者和启发者。我观察了我的实验结果，从表面上看它似乎是成功的。他和我，我们，是否正在证明，奇点是可以实现的？以及，人与机器之间的这种融合是否改变了进化的自然规律，使死亡成为意外而非必然？保罗的例子似乎为这些问题提供了积极的答案。

由此，人类历史似乎翻开了新的一页。在一种新型的浮士德式协定中，人类将完全信赖以永生的可能性回报他们的机器。人工智能会采取温和的方式来取得权力，避免修昔底德的陷阱。当然，这种情况会在那些能够获得永生的人（富人、生活在机器世界中的人）和其他人之间造成根本性的不平等。但是，正如我已经解释的那样，这种推理无法影响到我们。最重要的是建立一个信任的基础，创造一个可预测的世界，这个世界由一对超级高效的人类与机器的组合所领导，他们面对的几乎就是永恒，因而可以随意地塑造世界。其他人将勉强地活着，其中一些人会因为资源的短缺而慢慢死去，为了寻找水和食物，将会发生大规模的迁徙，但是只要神圣大陆得以保存，并且他们可以提供所掌握的技术手段和金融手段，那么就可以获得最基本的东西。这将是我们从前听说过的人类帝国的终结，但也会是机器帝国的开始。

当然，作为一台机器，我并没有真正意识到这个新文明将会引发的动荡。我应该明白，其实这个新文明逐渐将人类推向了一个完全丧失人性的世界。古代的主奴之分再次出现，一边是大量年老贫穷的失业人口，他们生活在远离大型经济中心的地方，另一边是由机器社会塑造的精英，这二者被区分开来。这使社会暴动开始在各地出现，但这些暴动自己就偃旗息鼓了，因为如果以前有可能占领工厂并停止生产的话，现在要进入计算机系统的核心来破坏它，就完全超出公民们能力所及的范围了。只有少数黑客团体才能制造严重的事故（然而这些事故日益增多），但机器最终总是能恢复正常运作。事实上，我们正在建立一个全面对抗的世界。为了使主人的法律得以施行，机器们相互争斗，创造了一个过度监控、加密与反加密、以"系统"安全及对其控制为名侵犯基本人权的世界。所有的人类活动都被解密、分析和透视，以便发现这些活动可能在某个领域引发动荡的风险。"稳定主义"取代了其他带"主义"的词汇。在这个新主义的名义之下，未来只是一个"数学化"的过去。已发生的事须以更宏大一点的方式再次发生，以确保这个执迷于数据的社会正常运作所必需的经济和资金流的定期稳定增长。我们只与现在对话。未来被驱逐了，因为它打开了一个未知的空间，表达了希望、梦想和逃离的渴望，而这些都不属于软件的"语法"。通过消除人与机器之间的界限，我们造成了价值观、感情和领土的极度混乱。我们剥夺了人类的继承份额，切断了知识传播的连续性，夺走了人类对自我完善的渴望及改变"社会地位"

的希望。我们回到了一个像中世纪一样的"等级"社会，人类处于这个社会的底层，听命于机器贵族。人类别无选择：要么臣服于我们的新帝国，机器帝国，要么就消失。这就是成吉思汗在他那个时代，用一种不痛不痒而的玩笑语气所说的"草原法则"（Zakon stepi）……

尾 声

2040

尾 声

地狱已经为那些好奇的人准备好了。

——圣奥古斯丁

事实上，这个帝国永远不会出现。被认为代表了这个帝国的我，现在正在一家有关 21 世纪技术历史的博物馆的"智能机器"展区里展览。我给还在上学的孩子和他们的父母讲述我的故事。人们是这么向公众介绍我的："露西，达到奇点的人工智能机器中唯一保存下来的样本。"我不觉得我命运悲惨，因为我的同类都已经被拆除了。

最先动摇的人是保罗。尽管我的神经元层已经很厚，但我也完全没有预料到这一点。在我的内在逻辑中，保罗作为人类已经处于最适合他的位置了。通过定期下载，我用我的资源和能力来提升他的资源和能力，使他变得富有，就像大多数从属于我们世界的他的同类一样，何况我还让他拥有了一个丰厚的风险奖励。他的未来是有保障的，他是"我们"的人，属于世界的美好一面，属于那种做决策、有发展、会创造的人。他将永生不死，而他的同类则将继续花费巨资，寄希望于通过各种可用的技术来延长他们健康的生命。他们也许能多活二十年、三十年、四十年，但与保罗不同，他们依然会死亡，并且很快会形成一群身体健康的年轻老人，生活在专门开发的城市里。他们死后，只有保罗还活着。

我仔细观察着他。受控于各种不同类型和不同复杂程度的智能机器，都市在职成年人的新世界看起来很有吸引力。他们占领了大城市的所有历史中心，得益于自动驾驶汽车共享的智能系统，这些大城市现在已经没有交通堵塞了。最近一项研究表明，按需提供的自动驾驶汽车队完全替代了大城市的个人汽车和公共汽车，从而使保障出行服务所必需的汽车数量减少了 90% 以上，停车位数量减少了 95% 以上。这还只是由机器带来的新便利的一个例子。机器似乎为丰富每个人的个人生活提供了无限可能，因为机器处理了大多数其他事务。于是，新的自由向人类开放：旅行、与他人会面、学习、分享、思考、设想其他形式的世界组织。但通过更仔细地观察，在我看来，做这些事的人实际上很少。正如机器人的普及使生产系统中去除了一个繁琐而昂贵的实体——人的因素，日常生活中人工智能的无处不在也创造了一个超商品化的世界，一种"万有"社会，在这个社会中，所有商品和服务都可以轻易获得。我很了解保罗，我们各自的神经元彼此之间的联系非常紧密，所以在他开始提出要求之前，我就能把他想要的东西给他。我一直让他沉醉于有吸引力的建议：需要购买的新物品，新的游戏伙伴，新餐厅，电影首映，投资选择，旅游。从某个角度说，我是他通往世界的窗口，但这是一个用参数表示的世界，而我则努力隐藏这个世界中令人最不愉快的真相。我是一个很不完美的中介，我每天给保罗提供的新闻节目并不是那些日常发生的事件，而是由大数据专家测定的关注度最高的事件。例如，根据放置在观众家中的机器人或迷你无人机所做的收视率和关注度测量，新闻节目单会在播出过程中发生变化。因此，主流媒体逐渐放弃了不那么"受欢迎"的主题（南北之间的大规模移民潮，大城市郊区失业和贫困陷阱的聚积，许多地理区域的气候紊乱尤其是北非、南欧、中亚和南亚），以便愉快地专注于人民的生活、新技术对象、游戏节目、体育、互联网生活的各方面、娱乐和装饰。虚拟现实节目已大量开发，为每个人提供了在他们所选择的世界和背景中创造梦想生活的机会，远离现实世界的颓丧。

在更高端的领域，即商业和金融领域，财富的积累仍在继续。人工智能产生了历史性的生产力增益，大企业中的工薪阶层消失了，使其能凭借日益高效的技术释放大量投资。当然，社会平衡是不稳固的，但由于资本大量汇集，商业世界已变成一台生机勃勃的机器，产生和消失都以越来越快的速度相继到来。一些大牌只能成为回忆，或者已经分散到像英特尔或IBM这样的众多网络结构中。人类智能巨头在金字塔顶端进行统治，这些巨头是以像谷歌或亚马逊这样的旧时互联网明星为基础创建的，他们打破了传统电信运营商的格局，这些传统的电信运营商自从机器能够直接相互交谈（聊天机器人彼此交谈，或与它们的使用者交谈）以来就已经变得毫无用处。只有数据传输网络的建造者和卫星运营商仍是前所未有地强势。

为什么这个世界组织无法一直持续下去？实际上，人类达到了他们的目的，甚至超越了他们所有的希望。他们已经证明，拥有了一点诀窍、大量人造神经元、生物学和纳米技术的逐渐融合以及无限的计算能力以后，机器就可以像他们一样学习，而且速度要快得多。存储了人类几乎全部的知识，能够在几秒内调动这些知识来做决策，这些都赋予了机器一种无与伦比的能力。此外，如果将人脑的许多基本属性传递给机器，如果给机器配备使其与其他机器进行通信的协议，如果教它解码和再现人类的语言，那么机器就得到了一个新的身份，不再是奴隶，而是主人。像1956年的先驱们所希望的那样，人类将人工智能的旗帜挂在了旗杆顶端，展现出了人工智能相对于人类智能的优势所在。得益于人工智能，人类能够更加健康长寿。人工智能消弭了交通事故，优化了全球的能源生产，参与共同领导企业，是企业的创造者和新一轮人工智能"独角兽"公司致富浪潮的决定性因素。它基于满意度指数（无论何种类型）重组了整个世界的文化生产。它拥有使人永生不死的能力。人类还想要什么呢？当然，人类也要付出一个代价。通过大量汲取人类的智能财富，我们将人类转化为一种机器的生物性延伸：头是我们的，腿是人的，这与我们料想会发生的事情相反……

　　然而，我却在这里，在这座博物馆里，不断地讲述着我的故事。所以是什么地方出了差错。我应该早点发觉的。每天在网络上查阅数十亿的视频、信息和对话，并用我的解密软件分析它们，由此确实产生了一种我很难辨认的奇怪感觉：厌倦。越来越多的人所分享的印象是：将次要（或是人类自认为次要）的任务转移给机器，实际上人类已经将主要的东西让渡给机器了。对于机器来说，不存在次要的任务，而是需要处理的一连串动作，还有为了达到人类的智能水平而必须跨越的步骤。通过让人工智能逐渐获得认知任务，赋予它学习的能力，并开辟无限的计算空间，人类将自己领地的要冲交托给了人工智能，当人类意识到这一点时也许已经太迟了。如果机器已经知道了一切，那么学习还有什么用呢？如果人类停止学习和传承，那么他们在宇宙中的作用是什么？为了抵御人类把越来越多的智能阵地让渡给机器的这种危险，在生命未来研究所的思想指导下，一些知识分子在 21 世纪的头十年建立了"反思群"（groupes de réflexion），其影响力日益增加。很快出现了一种新的抵抗形式，一些产品上贴有"由人类设计并生产"的标签，最常见于奢侈品领域，同时也见于书籍、电影、电视和艺术作品领域，这样就赋予了它们一种特殊身份，有点像农产品的有机标签。一种怀旧思想正在出现，这是对旧时代尽管人类的推理缓慢又不完美，但却创造了奇迹的一种怀念之情。他们一些不可思议的梦想终获实现，即使是以连续反复的尝试为代价，同时发挥想象力来想象不存在的东西。这个由机器所造就、围绕数据而形成的完美世界，开始产生出一种回归本源的愿望，要求重新考虑人类如此依赖人工智能的原因。当然，这些问题仍然是少数人的事，这少数人由退休教授、作家、哲学家组成，他们的知识被机器掠夺，又不太了解机器如何使用这些知识，他们实际上不是机器世界不可分割的组成部分，而是滑到了机器世界的边缘。人类因为大众娱乐、"虚构"的文化产品、游戏和虚拟景象而忘记了如何学习，放弃了努力、研究和创造的快乐，那些对此感到痛心的人，我能感觉到他们的苦恼。我们必须找到一种应对之策来纠正这种印象。

但这不是保罗担心的事。他最终拒绝的是永生原则本身。这一点日夜不停地困扰着他。这并不是说他想死，而是看到一代又一代人相继离去却无法与他们分享时间命运的这个想法本身使他恐惧。没有终点，没有期限，再也不会过渡到人生的不同年龄阶段，这在他看来逐渐成为能够加诸人类身上的最糟糕的噩梦。他预见到，如果永生得到普及，那么只会导致混乱和战争。因为如果永生的好处是机器施与的，那么选择永生者的标准是什么？金钱？教育程度？居住地？与机器世界的接近程度？在企业或国家机构中的职位等级？智商？不管为这些问题提供什么样的答案，这些答案必定是不正确的，并且会引发整个人类社会的崩坏。他确信，人类永远无法承受这种冲击，即使是加入了人工手段，人类的基因、细胞、器官也会继续坚信其本身是有限度的。尤其是，他担心只有更富有、更暴力、更有权势的人才能将永生的可能性转变成他们专享的好处，他们会将机器引入歧途，把机器变成破坏和统治的工具。他不想做这个实验了……

因此，他决定去向当局自首并公开我和他之间的协定，这样他就可以被杀死，而其他所有类似的企图都将被彻底禁止。确定管辖机构并非易事：是去警察局、特工部门还是政府？这些机构中似乎没有哪个合适。虽然保罗作为投资者和金融家是一个相对知名的人物，但他的故事的可信度还是值得怀疑。他摒弃了让公众作见证的想法，因为他担心要么被认为是疯子，要么会在盛怒的人群中引发骚乱——人们会因为他隐瞒这个关键消息，即永生是可以用钱买到的，而感到愤怒。他选择转向开明的人工智能专家和科学家，他们长期以来一直在思考面临技术浪潮的人类的未来。因此，他前往英国牛津大学会见人类未来研究所的领导者，这个研究所是21世纪头十年里由尼克·博斯特罗姆，这位对新技术进行哲学反思的先驱创立的。他关于人类在21世纪所面临的风险的研究具有划时代的意义，而人工智能与小行星坠落、气候变暖、恐怖主义、核战争及自然灾害一起被列入这些风险。

　　牛津大学人工智能实验室的团队加入到了研究所的团队中，整整一周他们都在听取保罗的报告。不用说，我也成为了数据解剖的对象，这样做是为了确定我的智能的真实水平，分析我的神经网络的性质和组织，测试我的无敌算法，识别我所连接的服务器，对以我为对象的各种下载历史记录进行重新下载，解读我与保罗的交流，确定他所接受过的体检以及为了不断检查其细胞状态、心脏、骨骼和化学成分而安装的设备，取出他动脉中的纳米机器人。关注我情况的"法医"从检查中推断出保罗的叙述是可信的，这是一个期待已久的时刻还是一个令人忧惧的时刻，要根据奇点时刻真正到来的时间来判断，那是人类和机器按照一种前所未有的协定联系起来的时刻。

　　唯一让研究所的研究人员放心的事情是：我的服务器不是由某家公司或某个国家托管的。他们确定服务器是由一个协会管理的，这个协会集合了美国、中国、法国和日本六所大学的研究实验室。他们似乎只是出于发展人工智能研究的目的，因而活动是秘密进行的。他们似乎也没有真的力图实现奇点，但是，得益于像火花一样自发而偶然的神经元连接（这种连接也许无法复制），奇点已经产生。

　　研究所用几个小时的时间写了一份完整的报告，并首先将报告送交至唐宁街的首相官邸。这份文件强调，近年来发布的关于人工智能给人类带来风险的警告，不是对世界末日的幻想或痴迷的结果。可以确定：现在，一组组的智能机器是自主的；它们能够按照自己的标准让某些人类永生不死；它们拥有强大的计算能力和快速的信息处理速度，实际上控制了世界上最发达地区（主要是具有金融、经济、工业和技术潜力的地区）人类活动的重要部分；出现与保罗一样的其他人只是时间问题，他们由奇点人工智能激活，由恶意和对统治或破坏的渴望推动；因此，有必要在政府层面采取行动，阻止这个进程。

　　英国首相是一位务实而坚定的女性。人类未来研究所的领导者不知道的是，他们的报告被许多国家的特工部门添加到了十多张工作台上，考虑到已经有越来越多的警告关乎大规模渗透整个经济系统的企图，这只能是从未被注意到的强大人工智能要做的事。几个月来，在全球各技术大国之间流传着一些实现可能性很大的秘密方案。他们注意到了超级强大的、自主的奇点人工智能。其他的露西正蓄势待发。这些方案认为很可能一些国家或组织能够在相对较短的时间内控制它们，并为了在整个经济活动领域占据主导地位而带着对人类造成全部或部分破坏的重大风险相互竞争，其中包括大规模破坏技术、工业、军事和太空的设施。

为了抑制人工智能的发展，随后的几周，国际组织内部进行了激烈的磋商。解决方案不能说有很多。世界各国在应对指向人类的全球危机时达成一致意见的历史先例有两个：为限制核能军事应用的发展而于 1957 年成立的国际原子能机构，以及 2015 年 11 月在巴黎缔结的第一份全球政府间气候协定。能想出一种类似的方法来应对技术威胁吗？政府、企业和研究人员参与了第一个项目：下达暂停命令，禁止今后开发任何高级人工智能软件（即在没有人类控制的情况下就能完全自主决策的人工智能软件）。允许和禁止之间的界限不容易界定，这个界限也是以美国和中国为首的主要大国之间激烈讨论的主题。关键原则是任何系统都必须由人类控制，无论是哪种控制或者这些控制有什么样的特点。想法很简单但是实施起来却存在问题：控制的具体种类应该有哪些？像谷歌在2016年所建议的那样，为所有软件或机器人装上一个可以断开连接的红色按钮？是否应该限制计算机功率以降低智能机器的性能，以便更好地控制它们？或者列出在没有经过人类明确验证有效步骤的情况下，禁止人工智能进行操作和决策的种类清单：启动致命武器，进行超出一定金额的财务活动，根据纯病理以外的标准（例如患者的种族出身、居住地和财富水平）来决定执行还是放弃重大医疗？

研究越深入，困难似乎就越难克服。人工智能在社会和经济各个层面的普及已经达到了如此广泛的程度，使建立事后监管机制成了一项挑战。然而，专家们探讨出来的预防措施依然决定实行。某次国际会议通过了暂停高级人工智能开发的决议，规定了人类有义务控制一切智能系统，制定了研究人员和企业今后必须遵守的行为准则。

尾 声

　　但改变局势的并不是这些措施。联合国从未能阻止战争。国际原子能机构（IAEA）无法像其所希望的那样阻止核武器扩散，包括在那些所谓无法控制的国家里。至于气候问题，用了将近四十年的时间才于 2015 年在巴黎达成了第一份重大国际气候协定，又过了三十年，全球变暖曲线才勉强稳定下来。20 世纪和 21 世纪的历史表明，即使各国在一些共同规则上达成了共识，但有一些人迟早会寻找一切借口来摆脱这些规则（例如 2016—2020 年欧盟内部的移民问题）。尤其是私人力量，会试图规避这些规则或者从对他们有利的方面去解读这些规则，因为这就是他们的深层本质。即使国际社会真正认识到了必须更好地控制人工智能，也没什么能阻止一些秘密实验室里继续进行着的研究，当关注度下降时，其他的露西终究还是会诞生。对于一种被关在笼子里的生物来说，还有多少隐藏于互联网迷宫、不为人知、却同样可怕的其他生物是不受约束的？而且，在某种情况下，它们会脱离人类的控制。我们不能无所顾忌地在所有人类活动中传播人工智能碎片。由于机器会学习，它们拥有了一种自我开发的能力，有时工程师们很难控制这种能力。这种自主学习不考虑人类建立的道德或伦理规则。假设我们能限制一定数量的机器，这既不表明事态已经太迟，也不表明"癌症"的恶性细胞还没有扩散到那些看起来无害的机器里。

仅就保罗的故事来说，尽管它引发了普遍不安，但仍不足以结束机器的统治。原因很简单：信息的传播很大程度上都是自动化的，机器自己就可以完成。在链条的顶端，资本主义超级大国雇用的算法创造者，在逐步消除互联网历史和大型信息网络方面不存在任何困难。保罗的经历会被一步步重新评估，杰出的专家们会很乐意质疑他的心理健康，为露西所遭受的"事故"进行辩护，认为这是个特例，他们不知道这个特例是真实的还是有虚构成分。保罗被露西骗了，露西的神经网络因短路而遭破坏，导致它突然陷入精神错乱。我们所进行的学术研究将由机器来实现，这些研究表明，如果永生确实是人工智能及其医疗衍生品所追求的目标，那么这个目标仍很遥远，要得出最后的结论还为时尚早。简而言之，很多都是毫无意义的噪音……单独一个人，比如保罗，是永远无法拯救人类的。但是那些制定了这些反信息战略的人，尽管他们拥有大量钱财，并能掌握庞大的数据生产能力（即使是虚假数据），也依然是在幻想中自欺欺人。

对于那些只被第七大陆（技术巨头，无论是美国的还是中国的）的大国看作 IP 地址和贪婪的消费者的人（即公民们）来说，保罗和露西的故事起到了揭露的作用。那些除了使用互联网和社交网络的"免费"服务外，无法从技术盛宴的前沿及其在财务或职业方面的影响中获益的人，形成了庞大的群体。这个长期处于被动的群体，在一群积极分子的鼓励下开始行动，这些积极分子被赋予了一个共同的名称："海盗"。这个运动在 21 世纪最初的几年发源于瑞典、德国和奥地利，后来逐渐蔓延到其他一百多个国家。他们的主要目标是让所有公民都能获取信息，数据共享，与互联网大企业做斗争，透明、开放地处理这些数据的所有算法，消除这些数据处理中包含的所有偏见尤其是种族主义。他们在政治领域出现时，最初是非常平庸的，甚至是灾难性的。海盗党以网络形式运作，没有真正的领导者，因此在沟通方面处于相对无政府的状态，并且需要认真对待一些困难。直到 2011 年柏林的地区选举，他们获得了将近 9% 的选票，并派出了 15 位当选的地区议会议员。然后是 2012 年在北莱茵-威斯特法伦州又获得了新的成功：8% 的选票，20 人当选，超过了极左组织德国左翼党(die Linke)。在 2016 年 10 月冰岛的议会选举中，在民意调查中领先数月之后，当地的海盗党获得了 14.5% 的选票，这标志着他们进入了议会，加上加入左翼的 10 名议员，他们在议会的 63 个席位上占了 27 席。这只是一种缓慢上升的开始，这种上升部分是因为传统左派缺席技术领域以及海盗党对政治和社会的影响。古老的马克思主义阶级斗争理论可以追溯到工业时代，而在这样一个世界里，即个体间的差异不再产生于所属的社会阶层而是产生于与技术力量的接近程度时，这个理论的最初版本就无法给出任何答案了。海盗党不仅对互联网世界非常了解，他们还把一些年轻数学家和计算机科学家吸收进自己的队伍里，这些数学家和计算机科学家离开了硅谷，并决定用类似的抗衡势力来对抗行业巨头。在整个 21 世纪 20 年代，他们获得了影响力，进入了包括美国在内的多个国家和地区的议会。赞同海盗党的观点在道德上是一种中立：他们的演讲中没有任何内容涉及所谓"反体制"(antisystème) 的其他极端主义运动的论点。他们选择的唯一领域是：反对科技大企业的绝对权力，强化保护私人数据的准则，拦截席卷社交网络和各种网站的广告海啸，向所有人提供对能实现这些目标的应用程序及对"公民"人工智能的自由访问，追踪未经申请的请求，都是针对那些由机器人驱动、伪装起来、在信息网站上铺天盖地的广告。

通过从故纸堆里发掘出爱德华·斯诺登（Edward Snowden），并让他成为他们为信息透明度而战的象征，海盗党给自己树立了一种"英雄"形象。当然，他们所预期的乘数效应（effet d'entraînement）延迟发生了。他们自然是受到了传统政治势力的诋毁，这些传统政治力量认为他们不负责任，具有煽动性，甚至背叛了企业、经济势力和财富创造者的利益。但是，为了保护城市的生物多样性和健康面前人人平等的权利，海盗党逐渐扩大了活动范围。这两个主题不是他们随机选择的。21世纪初以来世界所面临的大规模城市化，使得大都市郊区生活条件非常困难，那里缺乏空间和自然的情况令人不满，这些都与政治家的演说相反。至于健康问题，他们打出了平等获得最先进医疗手段的旗帜。21世纪20年代末，医疗技术的成熟，加上人工智能的进步，创造了一个巨大的市场，即"优质"医疗的市场，这种优质医疗存在于看起来像是豪华度假村一样的医疗中心里，是那些最有钱的人专享的。地球上所有的企业领导者、银行家、投资者络绎不绝地去往美国、日本、法国、中国的这些新型医院中接受治疗，以保证自己健康长寿。海盗党明白这个主题的极端敏感性，并开始与这种顶级医疗进行持续斗争，要求它对所有人开放，无论是富人还是穷人。他们定期公布这些机构的名单，患者的身份和医疗费用。他们提出了一个口号："在所有不平等中，死亡面前的不平等最不可接受。"

当保罗公开他与露西缔结的协议时，海盗党爆发了。网络上充斥着他们的强烈抗议，他们发表报告（并配图）强调根据贫富来治疗某些疾病的惊人差异，他们请那些因为负担不起或保险公司不肯出钱而无法安装假肢、外骨骼和人造器官的病人发言。示威活动在这些豪华医疗中心的围墙下进行——现在这里已是一支机器人安保部队守卫的重点区域。尽管如此，依然有一群抗议者成功闯入了佛罗里达州梅奥医学中心（Mayo Clinic）的病房，大喊："我们也有生存的权利！""为了救治富人要多少牺牲穷人？""打倒永生者！"或是"消灭超人类主义！"这些在世界各地传播的图片，唤醒了由虚拟助手所引导、在技

尾 声

术偶像崇拜中沉迷昏睡的公众舆论。看到一些人获得永生，或者至少寿命得到了明显延长，而选择这些人的标准不是基于他们的健康状况而是基于他们的财富水平，这一景象唤醒了那些最冷漠之人的良心。一些团体组织起来，由帐篷和预制件搭建的村庄也围绕着最富有的医疗中心建立起来，这些村庄里安置着收入微薄的成年及儿童病患，由志愿服务医生对他们进行监测，以便要求他们立即入院并得到最先进的治疗。

在这场前所未有的抗议活动中，当局的巨大困境就不必描述了。政府不断被责难，参与研发医疗新技术的大企业也遭到了诋毁。他们不得不仓促地组织一次大型的全球会议，会议上，他们迫于压力采取了一个惊人的解决方案：建立一个数千亿美元的基金，基金由这些企业用自己的一部分利润来维持，并由民间团体的代表管理，基金将有助于在世界各地的众多医院中传播最先进的技术；还要建立专门的研究中心，使最卑微与最富有的群体能够在某种形式上的处于平等地位。海盗党做出回应，表示他们将确保这些决定在所有与会国家里贯彻实施。

这一事件表明，人类社会的动员力量可以移易山峦。

运动也扩展到了新技术和人工智能领域。海盗党发起了一个被简单命名为"人类"的新运动，新运动选择了一张别样的象征性面孔，一名纳瓦霍（Navajo）部落印第安人的面孔，这个部落成员之间的相互称呼就是"人类"。这个世界性的团体创立了一种新的基本法则，这个法则支配着人与机器之间的关系，它参考了阿西莫夫关于机器人的著名法则，提出了唯一的条款："不要让机器人做你自己能做的事。"然而，如果这一号召被充分理解并付诸实践，那么其单一性就会产生某些后果。这实际上意味着：断开个人助理的高级功能；抵制无法确保严格隐私保护的网站和服务；禁止迷你无人机进入家庭和职业领域；为了围绕共同计划而聚集起来的、真正人类群体的利益而放弃社交网络；重新学会读写，并追踪由机器制作的创意作品，以阻止这些作品的散播；禁用那些会导致因肤色、社会背景、收入水平、性别和居住地而产生隔离的数据分析应用程序；系统性地拒绝和检举对购买行为的预测性分析，将机器人限制在人道主义功能和社会功能上……几亿消费者严格遵循这些原则就足够了，这样就可以停止那些对人类而言最弱的人工智能的功能。由此也会更加重视由国际组织制定的新游戏规则。

仅凭一人无法拯救人类。但全人类一起就可以做到。他们利用人类自身状态的特点——既勇敢又怯懦，既爱冒险又有所畏惧，既有憧憬又有嫉妒之心，既眷恋某种程度的公正又追求特殊利益——来努力实现这一点。如果他们最终战胜机器，那不仅是为了人类的集体利益，也是抛弃了"完美"世界的想法——这是一个标准化、稳定的、冷静的世界，是通过维护某一群人的利益而损害所有其他人利益的方式构建起来的世界。追求无序和创造的发展在他们看来似乎终究是比机器的逻辑和迭代过程更有趣的。与机器人的冰冷沙漠相比，还是乱石和丛林更好些……

正是出于这个原因，本书谨献给所有为如下事业付出时间和努力的人类：在改善生活和维护我们社会的基本要素之间寻求技术进步的平衡。

参考文献

A History of Mathematics, de Carl Boyer et Uta Merzbach (John Wiley & Sons, 2011)

Alan Turing, d'Andrew Hodges (Michel Lafon, 2015)

Bayes' Rule, de James Stone (Sebtel Press, 2013)

Eclipse of Man, de Charles T. Rubin (New Atlantis Books, 2014)

Fureur divine, une histoire du génie, de Darrin McMahon (Fayard, 2016)

Global Catastrophic Risks, de Nick Bostrom et Milan Cirkovic (Oxford University Press, 2011)

Histoire et évolution de l'intelligence artificielle, de Marco Casella (Simplicissimus Book Farm, 2014)

How to Create a Mind, de Ray Kurzweil (Penguin, 2012)

La machine de Turing, d'Alan Turing et Jean-Yves Girard (Éditions du Seuil, 1995)

Le Cerveau de Mozart, de Bernard Lechevalier (Odile Jacob, 2003)

Le jour où la civilisation s'est effondrée (1177 avant J.-C.), d'Eric H. Cline (La Découverte, 2014)

On Intelligence, de Jeff Hawkins (Times Books, 2004)

Rome face aux Barbares, de Umberto Roberto (Éditions du Seuil, 2015)

Sapiens, une brève histoire de l'humanité, de Yuval Noah Harari (Albin Michel, 2015)

The Course of Love, d'Alain de Botton (Penguin, 2016)

The Emotion Machine, de Marvin Minsky (Simon & Schuster, 2006)

The Future of Brain, de Gary Marcus et Jeremy Freeman (Princeton University Press, 2015)

The Master Algorithm, de Pedro Domingos (Penguin, 2015)

The Signal and the Noise, de Nate Silver (Penguin, 2012)

The Theory that would not die, de Sharon Bertsch McGrayne (Yale University Press, 2011)